U0226352

我国流域水资源治理
协同绩效及实现机制研究

Research on the Cooperative Performance and the Realization
Mechanism of Basin Water Resources in China

陈新明　著

经济管理出版社
ECONOMY & MANAGEMENT PUBLISHING HOUSE

图书在版编目（CIP）数据

我国流域水资源治理协同绩效及实现机制研究/陈新明著.—北京：经济管理出版社，2022.7
ISBN 978-7-5096-8578-5

Ⅰ.①我… Ⅱ.①陈… Ⅲ.①流域—水资源管理—研究—中国 Ⅳ.①TV213.4

中国版本图书馆 CIP 数据核字（2022）第 118181 号

组稿编辑：宋　娜
责任编辑：张鹤溶
责任印制：黄章平
责任校对：张晓燕

出版发行：经济管理出版社
　　　　　（北京市海淀区北蜂窝 8 号中雅大厦 A 座 11 层　100038）
网　　　址：www.E-mp.com.cn
电　　　话：(010) 51915602
印　　　刷：唐山玺诚印务有限公司
经　　　销：新华书店
开　　　本：720mm×1000mm/16
印　　　张：15
字　　　数：216 千字
版　　　次：2024 年 5 月第 1 版　　2024 年 5 月第 1 次印刷
书　　　号：ISBN 978-7-5096-8578-5
定　　　价：98.00 元

第十批《中国社会科学博士后文库》编委会及编辑部成员名单

（一）编委会

主　任：赵　芮

副主任：柯文俊　胡　滨　沈水生

秘书长：王　霄

成　员（按姓氏笔划排序）：

卜宪群	丁国旗	王立胜	王利民	史　丹	冯仲平
邢广程	刘　健	刘玉宏	孙壮志	李正华	李向阳
李雪松	李新烽	杨世伟	杨伯江	杨艳秋	何德旭
辛向阳	张　翼	张永生	张宇燕	张伯江	张政文
张冠梓	张晓晶	陈光金	陈星灿	金民卿	郑筱筠
赵天晓	赵剑英	胡正荣	都　阳	莫纪宏	柴　瑜
倪　峰	程　巍	樊建新	冀祥德	魏后凯	

（二）编辑部

主　任：李洪雷

副主任：赫　更　葛吉艳　王若阳

成　员（按姓氏笔划排序）：

杨　振	宋　娜	赵　悦	胡　奇	侯聪睿	姚冬梅
贾　佳	柴　颖	梅　玫	焦永明	黎　元	

《中国社会科学博士后文库》
出版说明

为繁荣发展中国哲学社会科学博士后事业，2012 年，中国社会科学院和全国博士后管理委员会共同设立《中国社会科学博士后文库》（以下简称《文库》），旨在集中推出选题立意高、成果质量好、真正反映当前我国哲学社会科学领域博士后研究最高水准的创新成果。

《文库》坚持创新导向，每年面向全国征集和评选代表哲学社会科学领域博士后最高学术水平的学术著作。凡入选《文库》成果，由中国社会科学院和全国博士后管理委员会全额资助出版；入选者同时获得全国博士后管理委员会颁发的"优秀博士后学术成果"证书。

作为高端学术平台，《文库》将坚持发挥优秀博士后科研成果和优秀博士后人才的引领示范作用，鼓励和支持广大博士后推出更多精品力作。

《中国社会科学博士后文库》编委会

本书获国家自然科学基金青年项目"应急领导力的循证测量与发展机理研究"（项目号：72204168）项目资助。

摘　　要

　　我国进入中国特色社会主义新时代，深化党和国家机构改革是推进国家治理体系和治理能力现代化的一场深刻变革。党的十九届三中全会通过的《中共中央关于深化党和国家机构改革的决定》，将"职能优化、协同高效"作为本次机构改革的着力点。"协同""绩效"已成为当前政府治理领域的热点问题，理论研究应结合治理实践予以回应。

　　水是生命之源、生产之要、生态之基。改革开放以来，我国在流域水资源开发、利用、保护等方面付出了巨大努力，各大流域、主要湖库以及功能区水质状况有所好转；全国地表水环境质量总体保持稳定；农村安全饮水问题基本解决，城市饮水问题由保证安全向提高品质转变。不过，我国具有"人口多、发展相对落后，处于发展中国家"的基本国情，以及具有"水资源量丰富但人均占有量少、水资源时空分布不均"的基本水情，加之过往高耗能、粗放式的发展和管理方式，随着工业化、城镇化建设深入，全球气候变化影响加大，我国各大流域水资源治理形势依然严峻：流域水资源供需矛盾日益突出，时空分布不均使问题更加尖锐；水污染已经形成了从内陆水体向近海地区、从地表水向地下水蔓延的趋势，流域地下水水质污染严重；水资源利用效率较低，水生态安全面临严重威胁。

　　经济合作与发展组织（Organization for Economic Co-operation

and Development，OECD）流域治理研究项目指出，水危机实质上是治理危机。我国流域水资源治理的主要症结是政府协同治理能力亟须提高。我国流域水资源治理实践中，公众参与受政府力量主导，存在公众参与异化、公民参与程度低等问题，市场力量也有待进一步发展，政府在我国流域水资源治理中处于主体地位。当前，流域与行政区域管理相结合的管理体制仍需进一步完善，传统的行政区域分段节制与流域水资源地理整体性、生态系统性的矛盾日渐突出，各部门分割管理的现状很难满足流域水资源功能多重性、效用外溢性的要求，"九龙治水"难以扭转流域水资源治理的严峻形势，部门间治理的协调性尚需提升；流域水资源供需矛盾突出，流域与区域治理的同步性亟待加强，流域水资源协同治理成为检验政府治理能力和治理体系现代化的"试金石"。可见，提炼流域水资源治理研究的核心问题，并在理论整合的基础上建立周全的理论框架用以描述、解释和预测，是当前我国流域治理研究的着力点。

本书的思路是将流域水资源治理效果置于绩效的语境中，结合治理的制度环境，凝练出我国流域水资源治理的核心问题：一是"什么是流域水资源治理协同绩效"，即流域水资源治理效果如何；二是"怎样实现流域水资源治理协同绩效"，即流域治理协同绩效的实现机制是什么。通过构建我国流域水资源治理"协同—绩效"链模型，从理论层面描述我国流域水资源治理协同绩效的影响因素、效应机理和实现机制；通过构建包含流域水足迹和财政支出协同度等指标的指标评价体系、运用组态视角的 QCA 方法，基于 2001—2015 年我国重点流域的相关数据，从实证层面对我国流域水资源治理协同绩效进行评价、对我国流域水资源治理协同绩效实现机制量化分析。根据实证结果，结合我国流域水资源战略环境的类型划分，给出我国流域水资源治理协同绩效的实现路径及优化建议。

本书认为，我国流域水资源治理协同绩效是指政府协同治理流域水资源的效果，是政府通过内部管理、优化结构、改进运作方式和流程等行为促进政府部门间的合作和协同联动，提升治理协调性和同步性，从而提高流域水资源治理能力的过程。基于分析框架和逻辑思路，通过系统的理论和实证分析之后，得到以下结论：

理论层面：第一，我国流域水资源治理"协同—绩效"链分析表明，目标嵌入、组织支撑、机制协调和监控合作是我国流域水资源治理协同绩效的影响因素。第二，流域水资源治理"协同—绩效"链揭示我国流域水资源治理协同绩效的实现机制。

实证层面：第一，根据习近平生态文明思想和绿色发展理念，构建我国流域水资源治理协同绩效评价指标。第二，fsQCA 的必要条件模糊集分析结果表明，目标嵌入、组织支撑、机制协调和监控合作均能提升流域水资源治理协同绩效。其中，目标嵌入和机制协调影响力强于其他因素，组织支撑影响力弱于其他因素。

基于以上的理论和实证分析，我国流域水资源治理协同绩效存在四条实现路径：①四措并举型协同治理路径，目标嵌入、组织支撑、机制协调和监控合作同时具备；②"协调—激励"型协同治理路径，强调目标嵌入、组织支撑和机制协调的作用；③机制调节型协同治理路径，具备较强的目标嵌入效力和较高的机制协调力；④"协调—约束"型协同治理路径，该路径更应突出地方自主性，加强监控合作。

关键词：流域水资源治理；"协同—绩效"链；协同绩效；生态文明

Abstract

China has entered a new era of socialism with Chinese characteristics. Deepening the reform of the Communist Party of China (CPC) and the state institutions is a profound reform in advancing the modernization of the country's governance system and governance capabilities. The *Decision of the Central Committee of the Communist Party of China on Deepening the Reform of the Party and the State Institutions adopted at the Third Plenary Session of the* 19*th Central Committee of the CPC, made* "*optimization of functions, coordination, and efficiency*" the focus of this institutional reform. "Coordination" and "performance" have become critical issues in the current government governance field. Theoretical research should be combined with governance practices to respond.

Water is the source of life, the essence of production, and the foundation of ecology. Since the reform and opening up, China has made great efforts in the development, utilization, and protection of water resources in the river basins. The water quality in major river basins, major lake banks, and functional areas has improved; the overall surface water quality in the country has remained stable; and rural drinking water problems have basically been solved. Solving the problem of urban drinking water should be based on ensuring safety to improving quality. However, China has the basic national conditions of "large population, relatively backward development, and being in developing countries", as well as the basic water conditions with "rich water resources but low per capita occupancy and uneven water distribution in space and time". In addition, the high consumption of energy and the extensive development and management methods were implemented in the past, with the deepening of industrialization and urbanization, the impact of global climate change has increased, the forms of water resources governance in China's major river basins are still severe: The contradiction between the supply and demand of water resources in river basins is increasingly prominent, the spatial and temporal distribution is uneven, the problem is more acute; water pollution has formed a tendency to spread from inland water bodies to offshore areas and from surface water to groundwater, the quality of groundwater in a river basin is heavily polluted; the utilization efficiency of water resources is low, and water ecological security is facing serious threats.

The Watershed Governance Research Project of the Organization for Economic Co-operation and Development (OECD) points out that the water crisis is essentially a governance crisis. The main problem of the water resources management in China's river basins is that the government's capacity for collaborative governance needs to be improved. In China's river basin water resources management practices, public participation is dominated by government forces. There are problems of public participation alienation and low level of citizen participation. The market forces need to be further developed, and the government is in a dominant position in China's river basin water resources governance. At present, the management system that integrates the management of watersheds and administrative regions still needs to be further improved. The contradiction between the traditional administrative regional sub-systems and the geographical integrity as well as the systematization of ecology of the river basin water resources is becoming increasingly prominent. The division management of various departments is more difficult to meet the requirements of multiplicity of functions and spillovers of water resources in the basin. "Nine－Dragon－water－governing" (A system in which several departments manage the same affairs) is difficult to reverse the severe situation of water resources management in the basin, and the coordination of inter－departmental governance is still to be improved; the contradiction between the supply and demand of water resources in the riverbasins is outstanding, and the synchronization of basin and regional governance needs to be strengthened. The collaborative management of water resources has become a "touchstone" for testing the governance capacity of government and modernizing governance systems. It can be seen that the core issues in the research on water resources management in river basins have been refined, and a comprehensive theoretical framework has been established on the basis of theoretical integration to describe, explain and predict them. This is the current focal point of the research on China's watershed governance.

The idea of this study is to put the effect of basin water resources management into the context of performance, and to combine the governance system environment to consolidate the core issues of the basin water resources management in China into two aspects: First, "What is the coordinated performance of the basin water resources governance", that is, how effective the basin governance is; the second is "how to achieve coordinated performance of river basin water resources management", that is, what is the realization mechanism of the coordinated performance for basin governance. By constructing the "coordination－performance" chain model for river basin water resources management in China, the moderating factors, effect mechanism and implementation mechanism of the coordinated performance of the basin water resources management in China are described from a theoretical perspective. Through the construction of an indicator system including the water footprint and the coordination degree of the fiscal expenditure and the utilization of the case-based QCA method, based on the relevant data of China's key watersheds from 2001 to 2015, the book will evaluatethe coordinated performance of China's river basin water resources management from the empirical level, and quantify the implementation mechanism of the coordinated performance of China's river basin water resources management. According to the empirical results, combined with the typology division of China's river basin water resources strategic environment, the realization path and optimization suggestions for the coordinated performance of river basin water resources management in China are given.

This book believes that the coordinated performance of China's river basin water resources management refers to the government's effectiveness in coordinating the water resources of the river basins. It is the government's actions through the internal management, optimizing the structure, improving the operation methods and processes, with the aim of promoting the cooperation and collaboration between government departments, and improving the coordination and synchronization of governance so as to improve the process of watershed management of water resources. Based on the analytical framework and logical thinking, through the systematic theoretical and empirical analysis, the following conclusions were obtained.

Theoretical level: First, the analysis of the "coordination-performing" chain of China's river basin water resources management shows that target embedding, organizational support, mechanism coordination, and monitoring cooperation are the influencing factors of the coordinated performance of China's basin water resources management. Second, the "coordination-performance" chain reveals the realization mechanism of the coordinated performance of China's basin water resources management.

The empirical level: First, according to Xi Jinping's thought of ecological civilization and the concept of green development, the book constructs a coordinated performance evaluation index system for river basin water resources management in China. Second, the fuzzy set analysis of the necessary conditions of fsQCA shows that target embedding, organizational support, mechanism coordination, and monitoring cooperation can all improve the coordinated performance of watershed management in the river basins. Among them, the target embedding and mechanism coordination, influence is stronger than other factors, and organizational support's influence is weaker than other factors.

Based on the above theoretical and empirical analysis, there are four paths to achieve the coordinated performance of China's river basin water resources governance: ①Four measures for parallel collaborative governance, namely, the target embedding, organizational support, mechanism coordination, and monitoring cooperation are simultaneous; ② "Coordination-incentive" collaborative governance approach by emphasizing the role of target embedding, organizational support and mechanism coordination; ③Mechanism-adjusted collaborative governance path, with strong target embedding effectiveness and higher mechanism coordination; ④ "Coordination-constraint" collaborative governance approach, which should highlight local autonomy and strengthen monitoring cooperation.

Key Words: River Basin Water Resoures Governance; "Coordinated – performance" Chain; Coordination – performance; Ecological Civilization

目　　录

Contents

第一章 引 言

第一节 研究背景与意义

一、我国流域水资源的基本情况

"滚滚长江东逝水，浪花淘尽英雄""黄河之水天上来，奔流到海不复回"。流域沐浴着文明，承载着民族的记忆和文化。水资源是一项极其重要的战略资源，是人类生存和经济发展不可或缺的物质基础，正如2011年中央一号文件开宗明义讲到：水是生命之源、生产之要、生态之基。改革开放以来，我国在流域水资源开发、利用、保护等方面付出了巨大努力。

各大流域、主要湖库以及功能区水质状况有所好转。我国长江、黄河、淮河、珠江等八大流域，流域面积超过440万平方千米，占全国外流河流域面积的70%，长江和珠江的年径流量分别达到9616亿立方米和3492亿立方米，各流域年径流量总和更是超过1.54万亿立方米，约占全国年水量的60%；行政区划跨27个省、自治区和直辖市。从20世纪50年代起，陆续成立水利部长江水利委员会、太湖流域管理局等七大流域管理机构，各大流域干流水质已趋向好转，其中长江、珠江、太湖流域水质良好①。2016

① 参见：https://www.mee.gov.cn/gkml/hbb/bwj/201710/t20171027_424176.htm。

年，全国地表水环境质量总体保持稳定，地表水国控 1907 个监测断面中，Ⅰ~Ⅲ类占比 68.8%，同比增长 2.8 个百分点；Ⅳ~Ⅴ类水质占比 20.6%；劣Ⅴ类水质断面占比 10.5%，较 2010 年下降 5.9%。118 个湖泊水质检测中，Ⅰ~Ⅲ类湖泊数量占比 23.7%，Ⅳ~Ⅴ类和劣Ⅴ类湖泊数量占比分别为 58.5% 和 17.8%。水库水质好于淡水湖泊，Ⅰ~Ⅲ类、Ⅳ~Ⅴ类和劣Ⅴ类水库数量占比分别为 87.5%、9.3% 和 3.2%，同 2015 年相比，富营养状态水库占比下降 4.8 个百分点。重要江河湖泊水功能区水质，一级水功能区（不包含开始使用区）达标率为 76.9%，二级水功能区达标率为 70.5%，较 2014 年分别上涨 4.8% 和 5.7%。省界断面水质，Ⅰ~Ⅲ类、Ⅳ~Ⅴ类和劣Ⅴ类水质断面比例分别为 67.4%、15.8% 和 17.1%。其中，Ⅰ~Ⅲ类水质断面比例上升 2.3 个百分点，劣Ⅴ类水质断面下降 0.8 个百分点。867 个集中式饮用水水源地水质监测点，全年合格率 80.6%，较 2015 年上升 1.4 个百分点。[①]

农村安全饮水问题基本解决，城市饮水问题由保证安全向提高品质转变。1980 年，水利部在山西召开全国农村人畜饮水工作会议时正式将农村饮水安全列为政府工作议程。截至 2015 年，全国累计解决 6434 万农村居民和学校师生的饮水安全问题，"十二五"期间，农村饮水安全工程总投资达 1768 亿元，建设了 23 万多处集中式供水工程和 50 多万处分散式供水工程，农村集中式供水受益人口比例由 58% 提高到 82%，自来水普及率达到了 76%，农村供水保障率和水质合格率均有大幅提高。改革开放之初，我国城市用水普及率不到 50%，随着经济社会发展和城镇化进程加速，城市供水水源、净水厂、供水管网体系日趋完善，2016 年城市用水普及率为 98.42%，同比增长 0.35 个百分点[②]，远高于发展中国家和地区 89% 的均值标准。县级城镇 2016 年用水普及率达到 90.5%，同比增长 0.54 个百分点[③]。城市用水安全制度化建设加快，2018 年县级及以上城市要向社会公开饮水安全状况信息，饮水安全保障体系基本建立。

---

① 2010~2016 年《中国水资源公报》。
②③《2016 年城乡建设统计公报》。

不过，我国具有"人口多、发展相对落后，处于发展中国家"的基本国情，以及具有"水资源量丰富但人均占有量少、水资源时空分布不均"的基本水情，加之过往高耗能、粗放式的发展和管理方式，随着工业化、城镇化建设深入，全球气候变化影响加大，我国各大流域水资源治理形势依然严峻，如最严格水资源管理制度三条红线之一的水功能区限制纳污红线已经"失守"①。

当前，我国水资源供需矛盾日益突出，时空分布不均使问题更加尖锐（见图1-1）。我国河流众多，流域面积在50平方千米及以上的河流为45203条，其中流域面积1万平方千米及以上的河流228条，多年平均河川年径流总量为27115亿立方米。以2016年水资源一级区降水量为例，北方地区降水量仅为371毫米，南方地区为1353.6毫米。中国水资源总量位居世界第六位，但是按2015年人口统计，全国人均水资源量仅为2185立方米，不足世界平均水平的1/3，虽然按欧洲标准②尚未达到全面用水紧张的局面，不过时空分布极端不均匀使问题复杂化：如北京市人均水资源量不到200立方米、华北地区人均水资源量不到300立方米、陕西人均水资源量172立方米，均处于绝对缺水的状态。③

水污染治理形势依然严峻。水污染已经形成了从内陆水体向近海地区、从地表水向地下水蔓延的趋势，流域地下水水质污染严重。"中国流域水资源面临的主要问题是水质污染和水资源过度开发造成的水环境退化"（钱正英等，2009）。2004年，沱江特大水污染事故，近百万沿江居民陷入无水可用的困境，直接经济损失超过2.19亿元；2005年，松花江重大水污染事件，沿岸数百万民众生活受到影响；2007年，太湖蓝藻事件爆发，无锡等地纯净水被抢购一空；2015年，祁连山地区地下水污染经媒体揭露后震惊全国；2016年，无法直接使用的劣Ⅴ类水河长占比接近10%，劣Ⅴ类湖泊数量占比17.8%。湖泊富营养化问题突出，2016年富营养湖泊占比78.6%，

---

①② 参见：http://news.cntv.cn/china/20110828/105184.shtml。
③ "第一次全国水利普查成果丛书"编委会：《全国水利普查综合报告》，中国水利水电出版社2017年版。

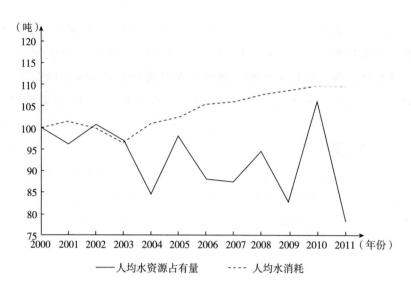

图1-1 水资源供需矛盾图[①]

其中中度富营养湖泊占比38%，而Ⅰ~Ⅲ类水质湖泊数量同比下降了0.9个百分点。流域地下水水质亟待改善，2016年2104个测站监测流域地下水水质，水质优良的测站比例仅为2.9%，良好的测站比例为21.1%，而较差和极差的比例分别为56.2%和19.8%，部分地区已经出现一定程度的重金属和有毒有机物污染。[②]

水资源利用效率较低，水生态安全面临严重威胁。中国水资源使用以农业用水为主。中华人民共和国成立之初，我国农业用水占比达到97.1%，随着经济社会发展，2016年我国农业用水3768亿立方米，占比62.38%，农田灌溉水有效利用系数为0.542，远低于先进国家0.8左右的利用系数，而中国的灌区用水方式落后日本等高效节水国家30~50年（王亚华等，2013）。此外，我国生态用水量偏低，2016年生态用水量142.6亿立方米，占用水总量的2.36%，与生态环境需求水量存在较大缺口。截至2016年，全国1333处水源地中，约有3/4为地表水水源地，1/4为地下水水源地，

---

① 参见：https：//www.chinawterrisk.org。
② 《2016年中国水资源公报》。

北方多以地下水为主要饮用水水源。地下水水源超标比例明显高于地表水水源，2016 年地下水超标水源地个数占地下水水源地数量的 14.8%，超标累计次数为 315 次，平均每个地下水水源地超标 6.3 次。地下水水量、水质恢复难度极大；趋势亟须扭转。

二、我国流域水资源的治理环境：体制与制度框架

我国流域水资源管理体制是根据国家行政管理特点和水资源的流域特性建立的。我国的行政管理体制包括国家、省（自治区、直辖市）、地（市）、县（市）和乡镇各级人民政府五级。而流域作为水文地质单元，地表水与地下水相互转换，上下游、干支流、左右岸的水量水质之间相互作用、相互影响。基于此，我国对流域水资源实行"流域与行政区域管理相结合的管理体制"[①]。国务院水行政主管部门负责统一管理和监督工作，其派出单位——流域管理机构对所管辖区依法负责，县级以上地方人民政府水行政主管部门依规定负责本行政区的流域水资源管理和监督。国务院有关部门按照职责分工，负责流域水资源开发、利用、节约和保护工作。政府在我国流域水资源治理中占主体地位，组织结构如图 1-2 所示。

自 2011 年中央一号文件和中央水利工作会议要求实行最严格水资源管理制度以来，国务院在 2012 年发布了《国务院关于实行最严格水资源管理制度的意见》；2013 年国务院办公厅印发《实行最严格水资源管理制度考核办法》；"十三五"规划中再次明确"实行最严格的水资源管理制度"，如图 1-3 所示。

具体的制度工具包括 15 项：水功能区划制度、中长期供求规划制度、水量分配制度、计划用水制度、排污总量控制制度、入河排污口监督管理制度、总量控制制度、定额管理制度、建设项目水资源论证制度、计量收费制度、累进加价制度、水资源有偿使用制度、节约用水制度、地下水管理制度和取水许可证制度。按流域水资源开发利用过程划分，见表 1-1。

---

① 引自《中华人民共和国水法》第十二条。

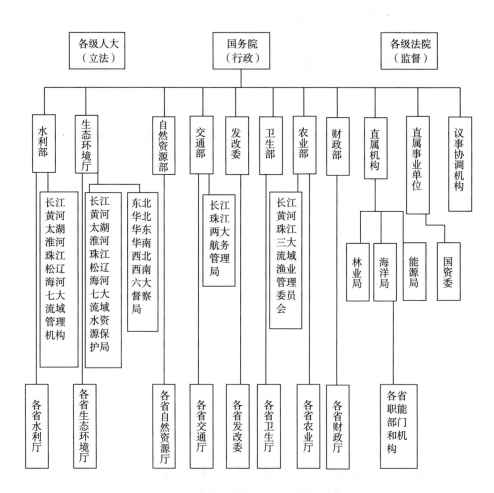

图1-2 我国流域水资源治理职能部门体系

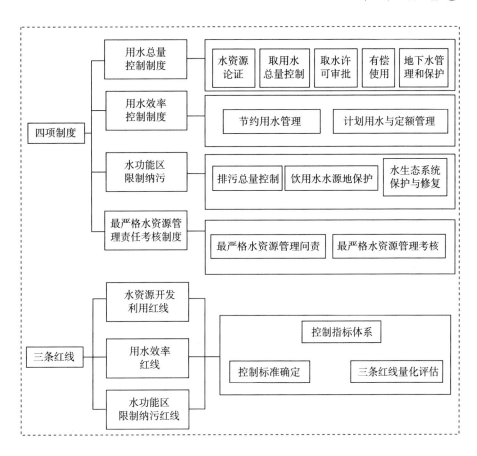

图 1-3 最严格水资源管理制度体系

表 1-1 流域水资源主要管理制度

	具体制度
供给	中长期供求规划制度、水量分配制度、总量控制制度、地下水管理制度、水功能区划制度、建设项目水资源论证制度
取水	取水许可证制度、水资源有偿使用制度
用水	定额管理制度、计量收费制度、节约用水制度、累进加价制度、计划用水制度
排水	排污总量控制制度、入河排污口监督管理制度

三、我国流域水资源治理的主要症结

综上所述，我国流域水资源治理取得了一些成效，不过形势依然严峻。OECD 水治理研究项目指出，水危机实质上是治理危机。[1] 在当前体制和制度背景下，主要是政府协同治理能力亟须提高的问题。

首先，"九龙治水"难以扭转流域水资源治理的严峻形势，提高部门间治理协调性是我国流域水资源治理的核心问题。当前，流域涉水机构分割管理，职能分散、交叉，存在"越位""错位""缺位"等问题。以流域水资源保护与水污染防治为例（见图1-4），依照法律法规，县级及以上政府的组成部门按照各自的权责权限处理流域水资源公共事务。《中华人民共和国水法》（以下简称《水法》）规定国务院水行政主管部门负责流域水资源的统一管理和监督，履行水资源管理职责。《中华人民共和国水污染防治法》规定环保部门对水污染防治实施统一监督管理。七大流域管理机构在1975—1984年先后成立流域水资源保护局，实行水质和水量统一管理，不过实际水质和水量管理状态依然分割。流域水资源保护局隶属的流域管理机构是水利部的派出机构，而生态环境部在地方还有六大环保督察局，两者在目标、体制、措施方面不一致。不仅如此，水资源保护和污染防治还涉及其他部门机构，自然资源部监督、检测、防治地下水的过量开采与污染；住房和城乡建设部指导城镇污水处理设施和管网配套建设；农业部涉及渔业水域的生态保护；交通运输部负责船舶水域污染防治；国家卫生健康委员会负责饮用水的卫生监督管理；而国家发改委和财政部门负责流域水质和水量的工程项目、投资等事项的审批管理。流域水资源按照不同用途被各部门分割管理，虽然法律规定了流域水资源统一管理的部门，但并没有明确"主管部门"与"相关部门"间的职责关系，没有一个部门能真正掌握每个环节，造成所谓的"九龙治水"局面。要改变这种体制性症结，协同治理是最好的选择。

---

① 参见：http://www.oecd.org/env/watergovernanceprogramme.htm。

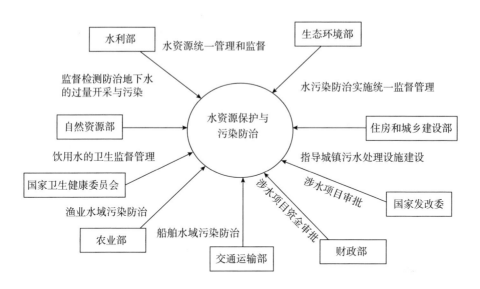

图1-4 水资源保护与污染防治的"九龙治水"图

其次，流域水资源供需矛盾突出，亟须加强流域与区域治理的同步性，这是中国流域水资源治理的关键所在。流域以水为纽带，将上、中、下游组成一个具有因果关系的复合生态系统，以流域为单元进行综合管理已成为理论界和实务界的共识（陈瑞莲等，2008）。在我国流域水资源治理实践中，行政区域影响力巨大，流域与区域间的治理同步性不够，上下游、左右岸、干支流、不同行政区域、用水户之间、各地涉水部门之间缺乏协同，利益张力凸显，造成"集体行动的困境"（Collective Action Dilemma）。比如，区域间的取用水矛盾与污染等水事纠纷。下游需要足够的清洁水作为发展的必要条件，而上游则有可能利用在地理上的先天优势肆意利用水资源；上中下游或干支流之间还会因为通航、建坝、采砂等问题而产生纠纷，这些很难根据诉求的合理性进行判断，需要利益主体间的协商沟通，通过提高治理同步性，保证流域的整体性利益，缓解因流域水资源分布时空不均、各地经济社会发展失衡以及水危机应对能力差异性等所带来的问题。

综上所述，随着工业化和城镇化的发展，区域一体化程度不断推进，传统的行政区域分段节制与流域水资源地理整体性、生态系统性的矛盾日渐突出，各部门分管体制很难满足流域水资源功能多重性、效用外溢性的要求，党的十九届三中全会通过的《中共中央关于深化党和国家机构改革的决定》，12 次提到"协同"一词，将"职能优化、协同高效"① 作为本次机构改革的着力点，流域水资源协同治理可视为检验政府治理能力和治理体系现代化的"试金石"。而流域水资源治理协同效果如何表述？由此衍生出的协同治理实现机制以及相应的路径选择问题，正是本书试图回答的核心问题。

第二节　理论意义与现实价值

提炼流域水资源治理研究的核心问题，并在理论整合的基础上建立周全的分析框架用以描述、解释和预测，是当前流域治理理论研究的着力点。本书的理论价值主要体现在以下三点：一是尝试回答"什么是流域水资源治理协同绩效"，即流域水资源治理效果如何表述、判断。将流域水资源治理效果纳入政府绩效管理的语境之下，提炼流域水资源治理的核心问题——协同治理，并借鉴企业管理中的价值链理论与公共管理领域中的公共价值理论，构建流域水资源治理"协同—绩效"链模型，用以阐述流域水资源治理协同绩效的内涵、实现机制和影响因素，具有一定的理论意义。二是尝试回答"流域水资源治理协同绩效的实现机制是什么"，即如何实现流域水资源的协同治理。基于理论分析模型，结合我国流域水资源治理的案例，引入定性比较分析（Qualitative Comparative Analysis，QCA）方法，从不同的侧面和角度提升流域治理理论的丰裕度、多维度和复杂度，以回应同样丰富、多变和复杂的流域治理问题，从而有望为流域水资源治理的研究奠定一定的理论基础。三是借鉴波特价值链的思维，诠释流域水资源治理协同绩效的概念，在一定程度上丰富了政府绩效管理的思考维度，具

---

① 参见：http：//www.gov.cn/xinwen/2018-03/04/content_ 5270704.htm。

有一定的理论价值。

流域水资源对我国经济和社会发展影响巨大。当前社会经济的快速发展，人口的不断增加、人民生活水平及城市化率的提高对流域水资源的水质和水量都提出了更高的要求，然而呈现眼前的现实却是我国正在被水资源短缺、水污染等问题所困扰。这不仅极大制约了社会经济的可持续发展，还给公众生活造成很大不便，公共卫生以及公众健康也遭受巨大威胁，进一步发展甚至有可能演化为未来几十年中华民族生存与发展的主要危机之一（王亚华，2008）。因此，从流域水资源治理协同绩效入手加以专门研究，进而提出有的放矢的路径选择和政策优化建议，其实践价值应予以肯定，特别是在全面推进生态文明建设的新时代场景下，具有较强的现实意义。

第三节　核心概念界定

一、流域水资源

流域是指"地表水及地下水分水线所包围的集水区域的总称。习惯上常指地表水的集水区域"。[①] 流域以水资源为纽带，连接上下游、干支流、左右岸等区域，具有整体性、区段性和开放性。本书的流域是指跨越省级或地市级行政区划的江河湖泊，不涉及诸如流经中国、缅甸、泰国等六个国家的大湄公河流域等跨国流域。跨国流域国际合作治理协同涉及多个主权国家，实现机制更为复杂，需要除公共管理之外的国际政治学等相关知识分析。本书的流域水资源是指流域中可用于生产、生活、生态的淡水资源。

---

① 舒新城：《辞海》，上海辞书出版社 2009 年版。

二、流域水资源治理协同绩效

定义流域水资源治理协同绩效，需首先明确流域水资源治理、协同治理和绩效的含义。

1. 流域水资源治理

本书的流域水资源治理是基于政府治理的视角展开的。在我国政治话语和语境中，政府治理是一个与我国国情相适应的概念（包国宪、郎玫，2009）。与西方强调"多中心"治理的理念不同，我国流域水资源治理实践中，公众参与受政府力量主导，存在公众参与异化、公民参与程度低等问题（张伟国，2013），市场的力量也尚待进一步发展，以排污权交易为例，排污权有偿使用和交易从 2007 年湖南、湖北等 11 个省份首批试点开始，历经十年仍存在推而不广的问题，包括天津、河北在内的 2/3 试点省份表现不尽如人意（蒋洪强等，2017），仍需政府大力培育开放市场，鼓励同类产业间的竞争性交易（宋国君，2017）。可见，政府是我国流域水资源治理的主体。

基于此，本书的流域水资源治理是指政府通过对自身的内部管理，优化政府组织结构，改进政府运行方式和流程，强化政府的流域水资源治理能力，从而使政府更好地履行职能。治理内容基于《水法》和水行政主管部门的"三定方案"对政府主体责任的规定，归纳为十四个方面：水事法律制度建设，包括涉水事项的法律、法规和规章的制定；水资源合理开发利用，包括制定战略规划、确定水利投资及国家财政性资金安排等；水资源配置，包括保障生活、生产和生态用水等；水资源保护；水旱灾害防治；节约用水；水文水资源检测、发布水文水资源信息等；治水工程，组织实施具有控制性的或跨相应级别行政区和跨流域的重要水利工程建设与运行管理，承担水利工程移民管理工作等；防止水土流失；指导农村水利工作；涉水违法事件的行政执法和司法；水利科技和外事工作；水污染防治和水环境质量；涉水科学知识教育。

2. 协同治理

协同治理可以理解为由政府发起的，一个或多个政府部门与非政府部门一起参与正式的、以共识为导向的、商议的、旨在制定或执行公共政策或管理公共事物或资产的治理安排（Ansell and Gash，2008）。本书的协同治理同样强调政府是"发起者，对合作过程进行管理"（Ryan and Claria，2001），但基于我国流域水资源治理实践，更突出的是政府的治理主体地位，是政府部门的合作和协同联动，更加强调政府治理的协调性和同步性，"设置和明确合作的基本规则，形成行动共识"（Lasker et al.，2003），"促进和维护合作过程"（David and Larson，1994）。

3. 绩效

关于绩效，一般有结果、行为和过程三个维度的理解。Bernardin（1984）从结果论的视角，认为绩效是对在特定的时间内、由特定的工作职能或活动所创造的产出的记录或工作的结果；Murphy（1991）从行为论的视角，认为绩效是与组织战略相关的一系列行为；Bredrup（1995）侧重过程层面，把绩效管理视为管理组织的过程。本书中的绩效是三个维度的结合。

基于此，流域水资源治理协同绩效是指，政府协同治理流域水资源的效果，是政府通过内部管理、优化结构、改进运作方式和流程等行为，促进政府部门间的合作和协同联动，提升治理协调性和同步性，从而提高流域水资源治理能力的过程。

第四节 研究思路、方法和创新

一、研究思路和框架

研究思路是围绕研究问题展开的。通过梳理我国流域水资源基本情况和治理现状发现（第一章），当前严峻的流域水资源治理形势迫切要求政府提升协同治理的能力，扭转部门间"九龙治水"的治理不协调性，促进流域与行政区域管理相结合，从而提升治理同步性，解决学者们指出的我国流域水资源治理主要症结——管理碎片化和机构之间协同失灵的问题（陈瑞莲等，2008；徐艳晴、周志忍，2014；任敏，2015），梳理相关研究文献发现（第二章），政府部门间的合作和协同，也是当前流域水资源治理研究的核心问题之一。不过治理效果尚缺乏较统一的规范性语言表述，在一定程度上约束了研究的系统性展开。流域水资源治理研究缺乏核心问题的提炼和形式理论的建构，也是制约研究向前推进的一大瓶颈。基于此，本书尝试阐述流域水资源治理协同绩效的内涵、影响因素和实现机制，从而回答我国流域水资源如何实现有效的协同治理的问题。具体章节安排如下：

第一章：引言。阐述我国流域水资源治理协同绩效及实现机制的研究背景，从现实层面凝炼流域水资源治理的核心问题，并围绕问题进行研究设计。

第二章：研究现状与相关理论述评。通过 CiteSpace 软件，进行文本计量分析，发现流域水资源治理研究演进的特征与趋势，一方面基于文献再次确认研究问题的必要性，另一方面发现相关研究运用的理论，并进行理论回顾与述评。

第三章：我国流域水资源治理"协同—绩效"链——一个理论分析框架。构建我国流域水资源治理"协同—绩效"链，分析流域水资源治理协同绩效的影响因素和实现机制，从理论的合理性、有效性和可操作性三个维度提出 8 个待验证的假设。

第四章：我国流域水资源治理协同绩效评价。阐述我国流域水资源治理协同绩效的评价思路，结合水足迹、协同度等理论，基于生态文明和绿色发展的理念，构建评价指标体系，通过 SBM-DEA 模型对八大流域水资源治理协同绩效进行评价。

第五章：我国流域水资源治理协同绩效实现机制的量化分析——组态视角和 fsQCA 方法。首先，将研究问题纳入组态视角，介绍 QCA 方法和原理，并对方法的适配性进行说明；其次，筛选研究样本并根据研究问题和流域水资源治理"协同—绩效"链模型，设置变量；再次，进行变量赋值和校准；最后，针对 fsQCA3.0 软件的计算输出结果进行必要条件的模糊集分析和条件组态分析，对第三章提出的假设予以验证。

第六章：我国流域水资源治理协同绩效的路径选择。通过流域水资源协同治理战略环境的类型学划分，结合第五章的条件组态分析结果，进行四种模式的流域水资源治理协同绩效的路径选择，并围绕目标嵌入、组织支撑、机制协调和监控合作等影响因素，推动河长制、湖长制等流域水资源制度设计，"探索规范垂直管理体制和地方分级管理体制"①，提出优化路径的政策建议。

第七章：结论与展望。阐述研究结论、不足及下一步的研究重点。

综上，第一章和第二章从现实和理论层面凝练出本书的核心问题，这是从实际和已有研究出发，尝试"站在巨人的一对肩膀上"；第三章构建理论分析框架，试图从实践归纳理论；第四章和第五章从实证角度对理论予以验证，从而得出第六章的政策建议，旨在助推理论回归实践。第七章对全书进行总结和展望。本书技术路线图如图 1-5 所示。

二、研究方法

本书以理论和实践相结合为基本原则，以规范研究和比较分析、归纳为基本方法，通过文献资料的阅读、查阅统计年鉴、水文公报以及梳理政策文本，结合实地调研，构建理论分析框架，进行深入分析。主要采用了文献研究法、数据包络分析、定性比较分析等。具体地，文献研究方法通过运用 CiteSpace 软件进行文本计量分析，发现流域水资源治理研究演进的特征与趋势，服务相关理论回顾与评述；构建包含流域水足迹和财政支出协同度等指标的指标评价体系并运用 SBM-DEA 模型进行指标评价；运用 fsQCA 方法，针对我国流域水资源治理案例进行定性比较分析，以验证理论假设。

---

① 参见：http://www.gov.cn/xinwen/2018-03/04/content_5270704.htm。

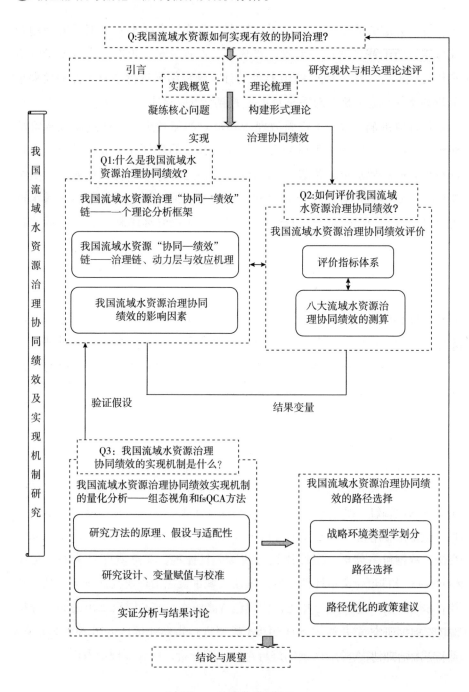

图1-5　全书技术路线图

三、可能存在的创新之处

流域水资源治理研究缺乏核心问题的提炼和形式理论的建构，是制约研究向前推进的一大瓶颈。本书试图回应这个问题，可能存在三个创新之处：

在研究选题层面，尝试凝练核心问题。本书从政府治理视角出发，将我国流域水资源治理主要症结凝练为流域水资源协同治理问题，并以绩效和实现机制为切入点，尝试对我国流域水资源治理协同绩效进行评价、对我国流域水资源治理协同绩效实现机制进行量化分析，并在此基础上提出我国流域水资源治理协同绩效的实现路径和优化建议，具有一定的创新意义。

在理论研究层面，试图构建形式理论。本书借助企业管理中波特价值链的思维，构建我国流域水资源治理"协同—绩效"链的分析框架，探讨影响因素和实现机制，围绕目标嵌入、组织支撑、机制协调、监控合作四个层面提出 8 个假设，并尝试予以验证，具有一定的理论贡献意义。

在研究方法层面，目前我国流域水资源治理领域，理论论述的文献较多，实证研究的文献较少。本书实证方法可能有的创新之处：一是设计评价指标，结合生态文明建设和绿色发展的理念，运用水足迹、协同度等理论，构建流域水资源治理协同绩效动态评价模型。二是定性比较分析方法（QCA）分析政府治理问题，QCA 是从组态出发分析问题的新视角，是近十年来发展和应用较快的定性和定量研究交叉方法。其提出者 Ragin 于 2014 年获得美国社会学学会（ASA）为表彰在方法论上做出公认终身贡献的 Paul F. Lazarsfeld 奖，其应用研究已见于《美国管理学会评论》《管理世界》等中外核心期刊，QCA 方法已被学界认可。目前，国内的国际政治、企业战略管理等研究领域开始引入该方法。本书尝试运用 QCA 方法分析我国流域水资源治理协同绩效问题，具有一定的价值。

第二章　研究现状与相关理论述评

理论创新是建立在对已有研究现状回顾和理论梳理基础上的（LePine et al.，2010）。针对我国流域水资源治理协同绩效及实现机制问题，首先系统回顾我国流域水资源治理研究的整体情况，运用 CiteSpace 软件进行文本计量分析，探索理论研究演进的特征与趋势，并在此基础上进行相关理论述评，奠定研究的理论基石。

第一节　我国流域水资源治理研究现状

从定性描述转向定性与定量相结合，正成为经济管理领域文献研究的趋势（刘洋，2014），基于文献的文本计量分析在国内外核心期刊发表量越来越多（Shafigue，2013；陈悦等，2015）。文本计量分析是对目标文献集的特定研究，以全景式呈现研究领域的发展现状、理论研究及未来趋势（Fagerberg et al.，2012）。本书选取目前文本计量分析中较流行的 CiteSpace 软件，采用统计性描述、引文分析（Citation Analysis）和共词分析（Co-word Analysis）等方法尝试探索我国流域水资源治理领域的研究宽度和深度，为下文理论述评做铺垫。

一、CiteSpace 分析原理与数据来源

伴随某一研究领域发展，其文献积累量往往十分庞大，很难在短时间

内进行系统性总结。针对如何从海量文献中寻找最重要、关键有效信息的问题，2003 年美国研究院提出知识图谱（Mapping Knowledge Domain）的概念，2004 年美国学者陈超美用 Java 语言开发了一套基于引文分析理论的信息可视化软件 CiteSpace，实现了数学、信息科学等学科的方法引入，将研究领域的分布结构、演进趋势、理论脉络及构架可视化、图谱化，以达到文献客观合理分析的目的。

根据 CiteSpace 使用规范，本书选择中国知网（CNKI）为文献数据的来源。鉴于以流域为单元的水资源综合管理已成为各国水资源治理的共识①，以及"流域管理与区域管理相结合"的体制特点，结合本书的研究主题，选择以"水资源综合管理""流域治理""区域治理"为关键词进行搜索（关系为"或"），搜索范围设定中文社会科学引文索引（CSSCI）来源期刊，时间跨度为 1998—2017 年，剔除与社会科学等研究范式和聚焦问题不相关的文献，共搜集文献 1161 篇，建立文献数据库。

二、文献总体特征分析

通过对核心文献发表时间的观测，发现流域水资源治理尚为较新兴的研究领域。从 1998 年开始，整体关注度较低，三个关键词的联合索引文献数量不到 1200 篇，不过随着时间推进，关注度快速提升，表明该主题渐成为热点问题。

基于文献发表时间分布特点，我国流域水资源治理研究大致分为三个发展时期：第一阶段（1998—2006 年）萌芽起步期。这段时间每年相关文献不多，大约占总体的 5%，不过稳中有涨，研究开始逐渐起步。第二阶段（2007—2012 年）蓄势成长期。从 2005 年 11 月起到 2007 年，我国密集爆发松花江水污染事件，白洋淀死鱼事件，太湖、巢湖、滇池蓝藻事件等，流域水资源治理一跃成为民众和社会高度关注的问题。学术研究需回馈社会焦点，从 2007 年起，这一阶段较上一阶段文献研究数量增加超过 400%。

---

① 水利部水资源司：《水资源保护实践与探索》，中国水利水电出版社 2011 年版。

第三阶段（2013—2017 年）快速发展期。伴随着严峻的治理形势和日益增高的社会关注度，流域水资源治理成为政府的核心议题之一。2011 年，中央一号文件定位加快水利改革发展；2012 年，国务院发布《国务院关于实行最严格水资源管理制度的意见》，流域水资源治理制度化体系建设加速。基于此，从 2012 年起，文献数量呈指数式上升（见图 2-1）。

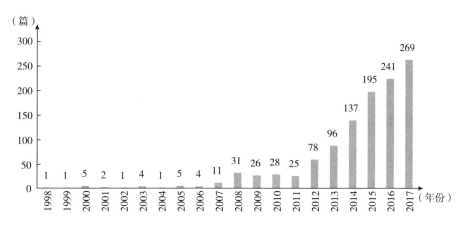

图 2-1 1998—2017 年相关文献发表时间分布

三、知识生产特征分析

基于文献数据库，对研究作者、研究机构及研究热点进行聚类分析发现，曾维华、王亚华、贾绍峰等学者较早关注流域水资源治理问题，河海大学、清华大学、水利部发展研究中心等研究单位对该领域关注较多（见图 2-2、图 2-3 和表 2-1）。

通过高被引文献的内容分析得知，流域水资源治理越来越多关注合作、共享、横向协调等协同治理的内容，表明协同治理逐渐成为流域水资源治理研究的核心问题。

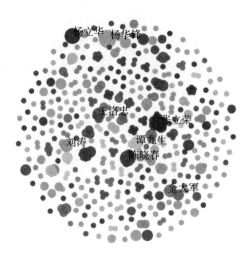

图 2-2　作者知识图谱

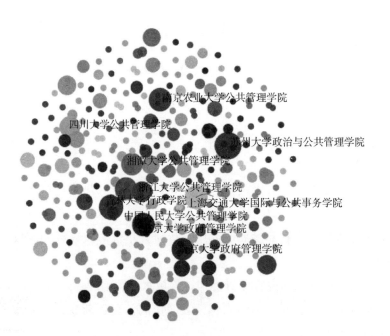

图 2-3　研究机构知识图谱

表 2-1 各阶段高被引文献概要表

发展阶段	频次（被引/下载）	题名	作者	来源	日期	机构
起步期	89/501	流域水资源集成管理	曾维华等	中国环境科学	2001	北京师范大学环境科学研究所
	27/321	黄河流域水资源治理模式应从控制转向良治	王亚华、胡鞍钢	人民黄河	2002	清华大学公共管理学院
	156/2671	区域水资源承载力评价指标体系的研究	王友贞等	自然资源学报	2005	河海大学公共管理学院
成长期	124/3232	我国跨行政区河流域水污染治理管理机制的研究——以江浙边界水污染治理为例	施祖麟等	中国人口·资源与环境	2007	清华大学公共管理学院
	34/999	论流域政府间横向协调机制——流域水资源消费负外部性治理的视阈	王勇	公共管理学报	2009	浙江海洋学院公共管理学院
	158/3816	我国水资源研究与发展的若干思考	夏军等	地球科学进展	2011	中科院地理科学与资源研究所
发展期	57/2625	跨境河流污染的"边界效应"与减排政策效果研究——基于重点断面水质监测周数据的检验	李静、杨娜	中国工业经济	2015	合肥工业大学经济学院
	291/9530	"河长制"：一个中国政府流域治理跨部门协同的样本研究	任敏	北京行政学院学报	2015	贵州大学公共管理学院
	64/2952	跨域水环境流域政府协同治理：理论框架与实现机制	王俊敏、沈菊琴	江海学刊	2016	河海大学商学院

通过"关键词共现"，对出现频次进行聚类分析，针对我国流域水资源治理领域的研究热点、研究前沿和整体知识结构生成可视化图像，见图 2-4 和图 2-5。

公共危机
社会管理
社会治理
公共服务
大数据
地方政府
政府治理
整体性治理
治理能力
国家治理
食品安全
多元主体
京津冀
生态环境
社会组织
公民参与
环境治理

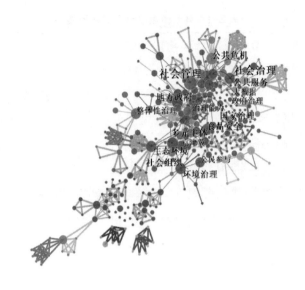

图 2-4　主题词知识共现图

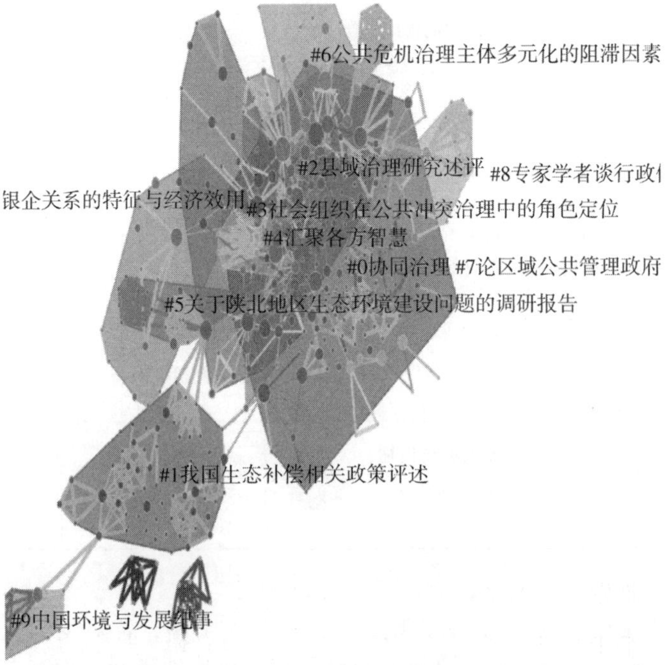
#6公共危机治理主体多元化的阻滞因素
#2县域治理研究述评
#8专家学者谈行政
银企关系的特征与经济效用
#3社会组织在公共冲突治理中的角色定位
#4汇聚各方智慧
#0协同治理
#7论区域公共管理政府
#5关于陕北地区生态环境建设问题的调研报告
#1我国生态补偿相关政策评述
#9中国环境与发展纪事

图 2-5　热点聚类知识图谱

经统计分析热点聚类，形成知识共现图，网络节点数为 518，连线数 954，Modularity Q＝0.7655，Mean Sihouette＝0.5047，数值较大，说明该网络聚类效果较好。图 2-4 中展示了频次最高的 17 个主题词，这些高频主题词根据出现时的亲缘性聚类在一起。大致可以分为四个组团：第一个组团是多元主体，围绕该主题词的文献多针对流域管理、水生态环境、跨部门合作等展开研究；第二个组团是社会治理，围绕该主题词还有较多文章对公共服务、大数据、政府治理进行研究；第三个组团是区域合作，相关讨论议题还包括地方政府、治理能力、整体性治理；第四个组团是社会管理，围绕该主题词还研究了流域水事务的公共危机等。对文献关注的关键词进行聚类分析，发现最高的前 11 个聚类，形成图 2-5 热点聚类知识图谱。这些研究热点以协同治理（#0）为中心，大致分为三个方面：第一，政府治理相关研究，包括区域治理（#2）、行政体制改革（#8）、区域公共管理政府合作的整体性（#7）；第二，协同治理下的多元主体参与，包括研究如何汇聚多元主体各方智慧（#4）、水生态事件中公共冲突治理中的角色定位（#3）、公共危机治理主体多元化的阻滞因素与实现策略（#6）；第三，生态环境与经济发展相互关系，包括跨域公共事务治理（#5）、总结我国生态补偿相关政策（#1）、总结我国水环境生态与发展相关大事记（#9）、借鉴国外流域治理案例经验（#10）。

四、研究脉络与结论

基于文献数据库，运用 CiteSpace 软件生成关键词的时空分布图，将研究热点按照时区进行聚类排列，可视化其变化过程、演进特征和趋势。通过突现词分析，得出流域水资源治理领域的 4 个关注度最高的主题词，直观反映出研究内容的趋势变化和时间分布，见图 2-6 和图 2-7。

结合文献发表量积累时期、知识生产特征分析、聚类时空分布以及关键词筛选，本书按时间梳理 1998—2017 年我国流域水资源治理研究演进脉络：

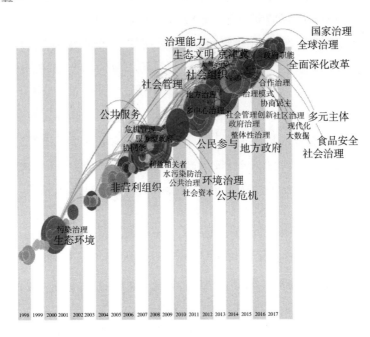

图 2-6　主题词聚类时空分布图

关键词	年份	强度	开始（年份）	截止（年份）	1998—2017年
流域管理	1998	6.3772	1998	2010	
整体性治理	1998	3.4057	2008	2011	
合作治理	1998	4.8094	2011	2013	
协作	1998	3.2896	2011	2014	

图 2-7　热度最高的关键词

第一阶段（1998—2002 年），模式探讨阶段，治理理论开始引入。随着可持续发展理论的传播和深入，我国水资源的合理开发利用、水环境保护等问题引发学者进一步思考，以流域为单元的水资源综合管理理念深入人心。理论界认识到，按行政区划分段管理流域水资源，容易引发诸如管理碎片化、资源和权力张力冲突、政策制定和执行动荡等问题（刘文强、张阿玲，2000）。基于此，此阶段理论界努力探寻新的治理模式，陆续提出流域水资源与水环境一体化管理（何大伟、陈静生，2000）、水资源量质统一型管理（张新民，2000）、流域水资源集成式管理（曾维华、程声通，2001）等。有学者将这种统筹、综合的管理模式纳入治理的理论语境，认为流域水资源治理模式应从单一行政控制向良治转变（胡鞍钢、王亚华，2002）。

第二阶段（2003—2009年），多元发展阶段，研究对象和范围泛化。随着理论研究和管理实践的呼应，2002年新修订的《水法》将原先"分层管理"的体制改为"流域管理与区域管理相结合"，整体性治理成为这一阶段的文献热点词，研究范围推广。以水权为代表的流域水资源治理市场化建设成为研究热点，如流域内区域间初始水权分配（苏青、施国庆，2003），聚焦首例水权交易案例——东阳—义乌水权交易（沈满洪，2005），总结水权制度交易及变迁（肖国兴，2004），探讨水权转换与我国水权制度建设（杨彦明、王晓娟，2008）等。流域水资源治理中的社会参与和社会资本构建，也引起学者们的关注，如通过透视水污染防治，关注法制视野的环保组织发展（肖晓春，2007）；讨论公民水资源管理参与权（刘毅、董藩，2005）、流域管理中的公共参与（李丹、黄德忠，2005）等。随着服务型政府理念的提出、科学发展观的推广，政府在流域水资源治理中的职能和角色定位仍是研究热点，多是围绕流域管理制度构建、机制建设等展开（沈满洪，2004；倪冬平、王慧敏，2006；吴丹、王亚华，2014）。

第三阶段（2010—2017年），研究聚焦阶段，政府治理主体性地位突出，合作、协作成为研究关注热点最高的词汇。频繁爆发的水污染事件引发理论界深思，随着最严格水资源管理制度的确认与实施，围绕制度构建的讨论开始转向如何在现有制度框架下，优化政府效能、创新治理机制、更好地发挥制度优势的研究。针对具体案例，跨部门合作、府际合作、区域与流域协调性的研究是当今流域水资源治理的重点问题。生态补偿制度方面，强调利益相关者视角下的政府主导作用（马莹，2010；王兴杰等，2010）；水污染治理方面，聚焦流域水污染中的府际合作治理（易志斌，2010；邓伟根等，2010；王玉明，2012）、跨界水污染的区域合作博弈（李胜、陈晓春，2011）等。

综上所述，通过 CiteSpace 分析 1998—2017 年 CSSCI 库的流域水资源治理相关文献，尝试描绘研究演进的特征与趋势发现：流域与行政区域结合管理的体制下，政府的治理主体性地位突出（邢华，2011；邢华和赵景华，2012），流域水资源危机实质上是治理危机①，而管理碎片化和机构之间的协同失灵成为我国流域水资源治理的主要症结（陈瑞莲等，2008；徐艳晴、周志忍，2014；任敏，2015）。以跨界水污染为例，有边界的行政手段治理无边界的流域污染，政府合作、政策协同是必要条件（田园宏，2016），如依托政府等级权威的纵向协同（周志忍和蒋敏娟，2013）、流域政府间的横向协作（王勇，2010）、条块间的协同机制（徐艳晴、周志忍，2014）等。有学者对此进行了实证检验，发现节能减排政策确实有利于缓解严重的"边界效应"，缓冲"逐底竞争"的不利影响（李静、杨娜，2015）。此外，"跨流域、跨区域"的类似大部制的流域管理机构是流域与区域管理结合的重要载体（薛刚凌、邓勇，2012），有学者以太湖流域为例探讨了这种跨部门间的合作机制（朱德米，2009）。基于此，文本计量分析的结论如下：

第一，基于文献分析再次表明，流域水资源协同治理是解决我国流域诸多问题的关键，我国流域水资源治理的核心即政府治理主体间的协同、合作问题。

第二，基于以往文献，公共事务治理、协同治理、跨域治理等领域的相关理论是流域水资源治理领域常关注的重点，相关理论述评将围绕这几个方面展开。

---

① 参见：http://www.oecd.org/env/watergovernanceprogramme.htm。

第二节　公共事务治理理论述评

治理是个多维的概念，有学者将全球范围内的学术常见的治理概念归类到六种语境中：公司治理语境中的治理概念、新公共管理语境下的治理概念、善治的概念、作为社会控制系统的概念、作为自我组织网络的概念以及作为最小国家的概念。基于此，治理可以理解为改善治理条件和规范框架，澄清和协调价值冲突（臧雷振，2011）。

流域水资源属于公共事务的范畴，具有较强的外部性，缺乏合理的制度设计，往往会发生"集体行动的困境"（Collective Action Dilemma），陷入"公地悲剧"（Tragedy of the Commons）。学者们认为这是围绕产权问题的矛盾和冲突的集中表现。"产权是一个社会所强制实施的选择一种经济品的使用的权利"（A. A. 阿尔钦，1994）。科斯（Coase，1937）在研究产权的基础上提出了交易成本的概念，即"价格机制的运行成本（Cost of Using the Price Mechanism）""公开市场上发生的每一笔交易、开展业务的成本"。科斯认为，一旦假定交易成本为零，而且对产权界定是清晰的，那么无论产权归谁，市场机制的自由运行都可以达到资源的最优配置，即不受产权划分的影响。施蒂格勒（Stigler，1972）进一步总结为"在完全竞争条件下，私人成本等于社会成本"。然而，在现实世界里，由于外部性，公共事务治理过程中交易成本为零的假设不存在。哈丁（Hardin，1968）认为，资源的稀缺性和欲望索取的无限性之间存在不可调和的矛盾，不受限制的自由使用必然会导致稀缺资源的过度剥削，这就意味着，无论何时何地何种情况，只要多个个体共享一种资源且该资源是有限的，那么最后结果必定是该资源的枯竭，这就是所谓的"公地悲剧"。奥尔森（Olson）在群体理论的基础上进一步阐述了自我利益与公共利益之间的悖论，即个体的理性行为会导致集体非理性的结果，"搭便车"（Free Ride）的现象便由此产生。所以，在公共事务治理过程中，奥尔森认为个体自发组织自我治理是不可能的，因为都不愿意让别人"搭便车"，所以合作行动难以形成。这样，这些个体就会陷入"集体行动的困境"，这时，个体成员之外的人——公共官员，就被认为应该介入并强制推行一些政策来规范引导个体成员们的行为。主流的囚徒困境及其他社会困境的博弈模型得出的是非合作均衡，于是这些政策取向就是：将这些公共资源进行国有化并纳入政府管理，或者进行私有化。

埃莉诺·奥斯特罗姆（Elinor Ostrom）在《公共事物的治理之道》一书中，针对公共池塘资源（Common Pool Resources，CPRs），提出自主治理理论。有别于政府主导的国家理论和市场主导的企业理论，奥斯特罗姆从政府、市场和社会三个维度构建了"多中心治理模式"的治理体制。1951年，迈克尔·博兰尼（Michael Polanyi）在其《自由的逻辑》一书中首次提出了"多中心"概念，并从社会自我管理的合理性和自发秩序的可能性两个维度对此进行了探讨。他将社会秩序分为单中心秩序和多中心秩序两种。"单中心秩序是指设计的或者指挥的秩序，它为终极的权威所协调，该权威通过一体化的命令结构实施控制。自发的或者多中心的秩序是这样一种秩序，在其中许多因素的行为相互独立，但能够作出相互调适，以在一般的规则体系中归置其相互关系。在一组规则之内，个人决策者可自由地追求自己的利益，但其利益受到规则所固有的约束"（迈克尔·麦金尼斯，2000）。"多中心"可被看作是一种审视政治、经济以及社会秩序的独特方法。文森特·奥斯特罗姆（Vincent，1999）等在《大城市地区的政府组织》中对大城市地区公共事务治理的组织机制、公共经济生产方式和公共产品消费属性等方面进行研究得出，大城市地区的治理模式可以被认为是"多中心的政治体制"。"多中心治理模式"强调在公共事务治理中应存在多个相互独立的决策中心，存在竞争性关系和利益重合，但可以通过相互签订契约进行合作，或者利用新机制来解决冲突。多中心理论认为，公共物品的供给结构实质上是一种多元竞争合作的，公共部门、私人部门与非营利组织都可以参与到公共事务治理之中。与"私有化—国有化"二元思维不同，在埃莉诺·奥斯特罗姆（Elinor Ostrom）的案例中，人们有效管理和利用公共池塘资源已有几个世纪之久。公共事务治理的难点就在于明晰产权以及围绕产权设计相应的制度。这里强调的是包括"进入权""退出权""管理权""排他权""让渡权"五种权力类型混合的整体关系。这种关系，既不同于诸如类似布坎南研究的选民、税收及财政收入那种民众与政府的关系，也不同于基于私有产权的市场关系。也就是说，公共事务治理不再简单的是"看不见的手"和"看得见的手"之间的博弈选择题，这就是所谓的第三种选择，多中心治理模式。

多中心治理关注的是围绕个体相互关联的共享事务的自主治理，重点是集体行动的决策分析。国有化和私有化，或者说政府和市场间的关系，是近代经济学争论的焦点，其核心问题是政府和市场在不同环境下配置资源的主导地位。自主治理理论重点研究决策个体是否、如何采取合作行动，从而影响CPRs的使用流量、存量水平以及可持续的程度。其理论核心是成员间达成的"信任"默契，即相信彼此追求自身利益最大化水平的过程是不以损害他人利益为前提的。埃莉诺·奥斯特罗姆认为："'公共池塘资源'这个术语指的是一个自然人或人造的资源系统，这个系统大的足以使排斥因使用资源而获取收益的潜在收益者的成本很高（但并不是不可能排除）。"李涛、朱宪辰（2012）进一步规定了CPRs物品的性质，有别于私人物品（排他性和竞争性）、纯公共物品（非排他性和非竞争性）和俱乐部物品（排他性和非竞争性），具有非排他性和竞争性，消费者不能排除或者限制他人的消费，并且每一个消费者的加入都会增加供给成本。当然，这只是大致的对象属性划分。CPRs物品在排他性上强调与私人物品的区别，即不是个人之外的排他而是针对特定群体之外的排他，与俱乐部物品具有相似性，但其在竞争性上又有别于俱乐部物品。CPRs的使用会因系统资源单位流量的耗费而使系统资源存量降低，即具有竞争性。

综上所述，针对公共事务治理，国外文献中常强调多中心参与其中，特别是奥斯特罗姆获得诺贝尔经济学奖后，该理念引起更广泛关注。我国流域水资源治理的研究中，会包含"多中心"含义下的水权（沈满洪，2004）、排污权交易（陈德湖、蒋馥，2004）以及污水设施民营化（王芬、王俊豪，

2011）等市场性机制运用，同时也会涉及公民参与问题（李丹、黄德忠，2005）等。不过，传统的多中心模式更多的是强调在多元治理主体间力量均衡的基础上，通过制度设计实现合作、协商治理。我国推进治理体系与治理能力现代化的过程中，具有"党委领导、政府负责、社会协同、公众参与、法治保障"的特点。公共管理语境下的治理，本身就含有合作的意涵。不过，针对当前中国流域水资源的治理，市场、民众等力量的影响力远小于政府，治理中"多中心"合作、协调，更多的是指政府部门间的合作，这也是为什么有学者认为管理碎片化和机构之间的协同失灵是我国流域水资源治理的主要症结。因此，本书就政府部门合作等理论展开下一步的述评。

第三节　整体性治理理论的部门协同治理述评

新公共管理改革，将市场化机制引入的同时也带来了管理的分散化问题。面对日趋复杂特别是诸如流域水资源等跨界性强的公共事务，治理碎片化困境愈发凸显。近年来，跨部门协同（Cross-agency Collaboration）成为理论研究和实践的内在需求。Perri（1997）认为，后公共管理时代政府面临的最大问题是联合性问题（Joined-up Problems），因此在《迈向整体性治理：新的改革议程》一书中提出整体性治理的概念，其特征是以整合机制解决复杂的联合性事项，强调协调和整合的整体性政府模式（Holistic Government）。随着新西兰、英国等整体政府改革实践不断推进，整体性治理理论作为新时期政府改革的新范式，成为跨部门协同研究谱系中的代表。

整体性治理可以看作是对功能性组织（Functional Model）模式的反思与革新。传统公共组织按照功能进行纵向划分或者横向整合，其条块分明、职界明显的特点适合官僚制体系。不过学者们逐渐认识到，通过部门整合可以减少政府职能交叉和重叠、降低行政成本、克服协同缺乏等问题（White，1926）。关于整合的方式，还是按照职能进行组合，以统筹职能类似或业务集中的分散部门（Willoughby，1927）。20世纪70年代，新公共管理运动采取新的思路，政府再造运动为打破"部门主义的牢笼"（Departmental Cages），尝试学习私人部门的手段和方式，引入竞争、外包、第三方评估机制，强调以顾客为导向的理念，不过未能触及组织架构的基础，从而没有使中央政府结构产生协同增效作用（Perri，1997）。整体性治理基于组织结构管理中的整体论（Holism）思维，以激发部门协同为切入点，强调建立在功能和服务领域之间的横向协同、整合的整体性政府，以解决跨界公共事务治理的问题。整体性治理首先将公共服务的受众划分为三类——消费者、公民和纳税人，通过角色的划分更好地发现服务对象的需求。在运行机制方面，强调预算和信息的整合，以达到"围绕结果而非围绕功能来定义组织和进行组织设计"（Perri，1997）。具体的运作步骤是识别整合对象的组织关系；梳理约束条件、障碍、资源、历史和部门文化；分析整合的条件和状况；准备政策工具和价值资源；合理地应用工具和资源；识别风险；制定防控策略；互动化实践任务；建立监督、评估体系，监控整合策略的绩效；回馈任务和策略。Perri描述的整合性治理的推进路径，突出了共识、政策、运用机制、资源以及监控的作用，对我国流域水资源协同治理有很好的启发。英国、加拿大等国家也从"组织分权、机构裁员和设立单职能部门"转向整体性政府建设（Christensen and Legreid，2006）。学者们还围绕各级政府机构、政府与非政府组织整体性治理（Wilkinson and Appelbee，1999），以及实践中面临的障碍因素进行分析，认为地方政府部门整合将是整体性治理推进的重点（Wilkinson and Appelbee，1999）。

整体性治理为部门间合作协同提供了新思路。除整体性政府外，学者们还提出协同政府、跨部门合作等理论，为我国流域水资源治理协同提供丰富的思想借鉴。Pollit（2003）提出协同政府的概念，强调横纵协同以实现战略目标，"共同利用稀缺资源，排除相互抵触和冲突的政策因素，促使不同的利益主体在统一政策领域展开协作，为公民提供一体化、无缝隙而并非彼此分离的服务"。Kavanagh和Richards（2001）介绍了部门主义向协同政府的演变趋势；Richard和Smith（2002）梳理了新工党执政后的协同政府案例；Bogdanor（2005）以英国食品安全、社会治安两个由单部门管理向多部门协同的案例为切入点，梳理英国协同政府改革实践，从功能角度上论证该理念的意义。这些纵向追踪式的白描，展现了协同政府的历史演变和影响力，丰富了理论的同时也为后面学者提供了实践支撑。Ling（2002）通过澳大利亚、加拿大等5国的协同政府建设比较，将协同内容划分为新的组织类别、新的激励与问责机制、供给服务的新途径和跨部门合作的新方法。Klievink 和 Janssen（2009）继续细化协同政府的可操作性步骤，从政府流程再造的角度阐述一站式公共服务。国内学者也结合国外案例分析和国内制度背景，对协作治理的条件、原则和工具以及跨部门合作的含义、类型、运行机制等问题（孙迎春，2010a，2011b）展开研究，推动了理论的发展。

Bardach（2001）系统论述了跨部门合作理论，认为相比独立履行职能，从事共同活动的多个机构可以更好地增加公共价值，需要五种支持，即资源支持（人力资源和财政拨款）、管理手段支持（有利于部门合作运行）、共识性支持（合作行动的前提）、文化支持（合作文化和人际关系）、政治人物支持（合法性保障）。国内学者也从多个方面丰富了跨部门合作理论。跨部门合作成为公共治理领域的共识性问题（张康之，2006），工业社会的线性治理模式难以适应发展要求，网络化、部门间合作治理模式势在必行（唐秋伟，2011）。

关于部门合作类型，有学者认为其在治理实践中是复合式再现，包括纵向的上下级协同合作，横向的同级政府、部门的协同合作（周志忍、蒋敏娟，2010）；有学者从公共政策的角度，将其分为宏观战略、具体政策制定和政策执行的部门合作（孙迎春，2010）。有学者结合案例，认为政治支持、财政激励、制度约束、实践机制、技术支持、协作文化是部门合作的重要影响因素（张弦，2007）。理论需能够服务实践，部门合作的应用探索自然是研究的重点，包括节能减排政策的协同（张国兴等，2014）、反恐领域的跨部门协同（金佳俊，2014）、大气污染领域的气象部门和环保部门的合作（胡利军等，2014）、太湖流域水污染中的部门合作（朱德米，2009）等。

综上所述，当前中国流域水资源的治理实践中，政府是占主导地位的治理主体，治理的合作含义实质上是政府或部门间的合作、协同，而社会和市场的力量在发展，受政府部门的支持和影响。"促进政府协作的挑战是公共行政永恒的主题"（Pierre and Peters，2000），"寻求公共组织协同工作的方式方法，是公共管理核心内容之一"（Perri，1997）。整体性治理作为跨部门协同理论的代表，为政府治理诸如流域水资源等跨界公共事务提供了思路。该理论以如何突破功能性模式下的组织机构边界为切入点，着力解决机构内部要素及机构间的协调合作问题。新公共管理运动的流程再造，在改变官僚制组织结构僵化缺点的同时，建立了大量独立化、分散化的公共服务执行结构，造成"职能悬浮"和"政府空心化"（谢岳，2000）。整体性治理的部门协同，整合了趋向裂化的政府组织机构。协同政府、跨部门合作等理论也是沿着这个思路展开的，追求权力协调、资源依赖、责任共享。影响因素和实现机制是理念能够落地的必要条件。无论是整体性政府、协同政府还是跨部门合作等部门协同理论，均强调建立跨界性、协作性和聚合性为特征的新型组织结构、完善的政策和监督评估系统，这为我国流域水资源治理协同提供启示。此外，较其他公共事务，流域水资源的跨域特性更强。因此，本书的研究基础继续诉诸跨域公共事务治理的相关理论。

第四节　跨域治理理论述评

在全球化和区域主义（Regionalism）兴起的背景下，跨越国家疆域、行政区划或者部门边界的公共事务治理问题面临更多不确定性，在治理实践和政策制定过程中更加引起人们重视。流域水资源往往会面临行政单元分割带来的空间管理碎片化，是跨域公共议题（李广斌、王勇，2009）。跨域公共事务治理，一般强调组织意义上的跨部门，即不同组织边界形成的行动者或是空间地理意义上的跨地域或行政区域。前者主要围绕治理主体间的互动关系，研究诸如合作治理（卓凯、殷存毅，2007）；政府与第三部门的合作伙伴关系（党秀云，2007）；通过协商对话持续组织互动的网络治理（孙柏瑛、李卓青，2008），建立信任；专注政府不同部门间互动关系，通过创造政府网络和非政府网络解决问题的府际关系（Berry and Brower，2005）；欧盟等邦联的跨国间或地区间合作治理公共事务，强调制度安排和正式的协商体系的多层次治理等。后者是基于地理空间的跨域治理，研究包括诸如城市治理（李重照、刘淑华，2011），城市中政府、企业、非政府组织三者相互连接而成的城市多主体治理网络关系；地方分权与自治的地方治理（娄成武、张建伟，2007）；针对人口、环境和公共服务供给等问题区域合作的大都市区治理（张紧跟，2006）等。

Katzenstein（1978）最早提出政策网络的概念，通过不同行动者的协助，建立一种相互依赖的互动关系。Rhodes（1994）运用交易理论构建了政策网络的研究途径，认为公私部门的参与者在知识、专业等方面会对其他行动者产生影响。互惠连接的非正式组织关系是一种网络关系，其基础是通过规划、沟通、降低不确定性来形成信任和行动的协调一致，并分为政策议题网络、社团网络、府际网络、区域性网络和生产网络五种。在跨域公共事务治理中，政策网络具有复杂多变性，对跨域公共政策影响明显（Leach and Smith，2001）。政策网络旨在让网络中的不同行动者通过协商和交流共同面对公共问题，制定彼此接受的政策，实现信息互通和资源交换，协调行动，实现目标。府际治理的治理对象是不同层级的政府或者不同区域的政府。在跨域公共事务治理问题中，府际治理强调诸如财政、权威、组织资源、信息资源等政策工具，协调央地关系，解决争议，实现共同目标。府际治理同时强调制度设计，通过制度规范各方行为，达成一致意见，形成共同观点，降低交易成本，共享资源和价值。有学者提出"复合行政"的概念（王健等，2004），强调府际之间吸纳非政府组织参与，构建交叠嵌套的合作治理机制。Marks（1996）在梳理欧盟的机构演化和决策过程时，提出多层次治理（Multi-level Governance）概念。多层次治理关注多层次治理结构下的管辖权重叠、竞争问题，同时纳入环境权变思想，构建制度、组织间的协调和合作关系，共享资源，以寻求最佳方案。多层次治理强调议题的跨域性、资源的依赖性、功能的整合性、决策的公开性（陈曦，2015）。

针对上述涉及的内容和理论，学者们结合实际案例，从多个维度寻找跨域治理的影响因素，构造跨域治理的模型，以期更清晰地刻画其运行机制。跨域治理分析模型主要分为三类：一是过程类，即把组织合作与跨域治理视作一个相互联结的完整过程，如"先行—过程—结果"模型、合作发展过程模型等；二是结构类，即不关注过程的先后顺序，而是聚焦于合作网络中参与者的关系、内部权力配置、合作能力等结构性因素，以及参与者彼此间合作和互动程度，如网络治理的一般模型、巧匠模型等；三是整合类，即试图涵盖合作行为中的相关要素，建立包含过程、结构等要素的整合框架，以期从整体上评价组织合作与跨域治理的成效，包括跨部门合作模型、极端事件处理中的跨部门合作扩展模型等（见表2-2）。

表2-2　跨域治理模型列表

模型	变量	文献来源
先行—过程—结果模型	先行：高度的相互依赖、资源和风险分担需要、资源稀缺、先前合作的历史、资源互赖情境、复杂议题 过程：治理、行政、组织自主权、互动、信任和互惠规范 结果：组织间规则的成功交易、具有新价值的伙伴关系产生、通过自我治理的集体行动，解决制度供给以及责任义务	Thomson 和 Perry（2006）
合作发展过程模型	协商：正式讨价还价与非正式理解之间的互动 承诺：通过正式法定契约、心理契约和排他性能力构建将来行动的承诺 执行：组织角色和个人互动来执行承诺 评价：以互惠为基础的两个过程评价	Ring 和 Van（1994）
网络治理一般模型	交换条件互动、结构嵌入性和社会机制	Jones、Hesterly 和 Borgatti（1997）
巧匠模型	信任、创造性机会、知识资本、执行网络、拥护群体、接受领导者、沟通渠道、改进指导能力、运行子系统的准备、持续学习	Bardach（2001）

续表

模型	变量	文献来源
社区服务递送的网络结构模型	网络结构、网络效力、网络背景	Provan 和 Milward（1995）
跨部门合作模型	初始条件：混乱、竞争和制度要素；部门失败；召集人、对问题的普遍认同、现存关系或网络 过程：同意、领导、建构合法性、建构信任、管理冲突、计划 结构与治理：成员身份、结构配置、治理结构 变量与约束：合作的类型、权力不对称、竞争性的制度逻辑 产出与问责：公共价值、三个层次的效果、弹性和再评估；投入、过程和产出；结果管理系统，政治和专业机构的关系	Bryson、Crosby 和 Stone（2006）
极端事件处理中的跨部门合作扩展模型	极端事件处理中的跨部门合作扩展模型在原先的初始条件、过程等五个维度外，增加了自治组织介入渠道（包括个体亲社会行为、自助行动、初期的群体形成等要素）	Simo 和 Bies（2007）
合作治理的一般模型	合作治理一般模型将跨部门合作视为一个融合了沟通、信任、承诺、理解等动态要素的周期性互动过程，该模型还特别强调了领导者的重要性，尤其在建立和维持合作规则、建立信任、促进谈判、追求共同利益方面的作用突出	Ansell 和 Gash（2008）

综上所述，跨域治理理论中的"跨域"主要是指"跨区域、跨组织"。我国流域水资源往往横跨地理空间和行政区划，涉及多个政府部门的业务职能，是典型的跨域公共事务治理问题。诸多理论皆强调治理主体间的合作、协调，并指出形成共识是合作协调的前提，制度设计和运行机制也围绕此展开。丰富的理论谱系为不同环境背景下的共识达成提供了支撑：合作治理、伙伴关系强调平等和协商的方式；网络治理强调发挥网络的互惠性；跨部门合作模型强调合作历史；合作治理一般模型强调动态要素的周期性互动等；合作发展过程模型认为这是一个讨价还价的过程。这为我国流域水资源治理协同的初始条件、共识的达成提供了丰富的借鉴维度。

第五节 本章小结

通过 CiteSpace 软件对 1998—2017 年中国知网 CSSCI 库我国流域水资源治理的相关文献进行文本计量分析，划分出文献研究的三个阶段：①模式探讨阶段，治理理论开始引入；②多元发展阶段，研究对象和范围泛化；③研究聚焦阶段，政府治理主体性地位突出，合作、协作成为研究关注热点最高的词汇。基于此，本书聚焦公共事务治理理论、整体性治理理论的部门协同治理和跨域治理理论。诸理论从多个维度论证合作、协商治理之道，为本书奠定了丰厚的理论研究基础。不过，公共事务"多中心"治理模式的制度设计，更多是建立在力量均衡的多元主体之上，而我国流域水资源治理实践中，政府是主导力量。部门协同治理和跨域治理，丰富了流域水资源协同治理机制研究的维度，但已有的研究多是基于国外案例，理论构建还应结合我国具体治理实践情况，考虑我国水资源管理体制的独特情景变量，以期增强理论的可适性和科学性。因此，我国流域水资源治理协同绩效及实现机制研究应在此基础上，提出新的理论分析框架。

第三章　我国流域水资源治理"协同—绩效"链
——一个理论分析框架

流域水资源协同治理问题，近年来已成为理论界重点关注的领域。任敏（2008）、王勇（2010）、邢华（2011）、姬兆亮等（2013）、徐艳晴和周志忍（2014）、曹堂哲（2015）、王俊敏和沈菊琴（2016）、田园宏（2016）等学者已从多个维度展开卓有成效的研究，针对流域水环境、跨域水污染、流域水资源综合管理中的诸多问题，构建跨部门、跨地区和跨组织等层面的政府流域治理协同分析框架，探讨协同治理的实现机制。当前，我国流域水资源治理实践中，存在诸如价值整合、资源和权力分配以及政策制定和执行中的诸多"碎片化"困厄，需要治理主体间的协同和机制的创新。目前，政府公共事务跨域治理协同的研究范式、方法尚未达成共识（曹堂哲，2015），"分散化"的局面限制了理论的运用，需要核心问题的提炼和形式理论的建构。

本书尝试以绩效为切入点，结合我国流域水资源治理的制度环境，构建流域水资源治理"协同—绩效"链，凝练我国流域水资源治理的核心问题：一是"什么是流域水资源治理协同绩效"，即流域治理效果如何，这涉及流域治理的价值判断，决定协同的方向和组织的行为；二是"怎样实现流域水资源治理协同绩效"，即流域水资源协同治理的实现机制是什么，这是流域治理的分析框架。流域水资源治理"协同—绩效"链试图借助价值链的视角回答上述问题，如同商品生产活动中的供货、生产、发货、销售等环节不断取得增值的"价值"，流域水资源治理协同绩效是治理活动中不断产生并"增值"的协同效果，是协同治理活动的"价值"，也符合协同学中协同增效的理念。分析能够产生协同效果的流域治理活动，可以判断如何实现治理协同绩效。本章试图为复杂、多维的政府协同治理问题研究奠定一定的理论基础，探寻实现流域有效治理的路径。

第一节　流域水资源治理"协同—绩效"链的理论基础

一、绩效管理：流域水资源治理"协同—绩效"链的逻辑起点

20 世纪 70 年代末，新公共管理运动开始兴起，公共管理从企业管理领域引入绩效的概念作为政府获得合法性的重要手段，并逐渐衍生出诸如治理绩效、环境绩效、制度绩效等概念。西方政府绩效管理实践主要是基于新公共管理理论，强调公共部门绩效的战略规划，年度绩效计划，持续性绩效管理，绩效评估、报告和信息利用等（周志忍，2008）。参照制度学派视角，制度变迁主要有内生型和外源型两种模式，我国政府绩效管理的来源因此也有三种观点：一种观点是在我国传统官僚体系中考课和考绩制度的基础上，结合我国现代行政体制中的层级制、干部考核内生而来；另一种是学习新西兰、英国等新公共管理盛行的西方国家实践，是"舶来品"的概念；还有一种认为是西方管理理念和中国绩效管理实践的结合（高小平等，2008）。周志忍（2008）认为绩效管理可以看作是系统工程、动态过程和人力资源开发手段三个维度的综合，是为实现所期望结果而实施的管理，包括一套管理绩效的具体操作程序和为实现组织目标而实施的一系列人力资源管理准则；高小平等（2011）立足我国国情，认为中国的绩效管

理实质上是一种创效式绩效管理；包国宪和王学军（2012）认为政府绩效是一种社会构建，政府绩效管理的基础是公共价值。

探讨政府治理视角下的我国流域水资源治理协同绩效，可视为政府绩效管理的具体实践，协同绩效研究应置于政府绩效管理的视域中。绩效管理的本质属性是为了提高绩效而进行的管理。我国政府绩效管理的研究多采用"结果"的绩效观，绩效即产出；研究多聚焦于如何产生绩效以及相应的实现机制。因此，我国流域水资源治理协同绩效的研究重点定位于协同绩效的产生以及协同绩效的实现机制，这是构建水资源治理"协同—绩效"链的逻辑起点和主要内容。

二、价值链：流域水资源治理"协同—绩效"链的主要理念

"价值链"一词由美国学者迈克尔·波特（Michael Porter）于 1985 年首次提出[①]，主要是通过描述企业"设计、生产、销售、发送和辅助其产品的过程"，将"这些活动以价值链来表示"，发现企业运营流程中的价值创造和价值增值。主要分为进料后勤、生产、发货后勤、销售、售后服务等基本活动，以及企业基础设施（财务、规划等）、人力资源管理、行业研究与战略、供应采购等支持性活动（见图 3-1）。随着商业模式的不断创新和发展，价值链概念逐渐从单个企业扩散至企业之间以及行业领域，陆续出现了包含供货商和消费者的全过程价值链（Govindarajah and Shank，1992）、不拘泥于企业内部的产业价值链（Pierre and Peters，2000）、将信息的搜集分配等活动纳入的虚拟价值链（Rayport and Sviokla，1995）、基于资源共享和相关价值链环节一体化的价值链战略联盟、价值流和全球价值链等。部分学者尝试将价值链理论运用到公共管理领域，提出价值链会计（綦好东和杨志强，2005）、政府购买服务中的公共服务链（吴玉霞，2014）等概念，或者运用价值链理论分析公共图书馆战略性再造（赵丽萍，2005）、文

[①] 迈克尔·波特：《竞争优势》，陈丽芳译，中信出版社 2014 年版。

化产业及公共服务（朱欣悦等，2013）、政府信息增值再利用模式（刘青、孔凡莲，2015）以及公共物品供给治理（何继新、陈真真，2017）等问题。与针对企业运营活动的传统价值链理论不同，公共管理领域的价值实现形式不再单纯是现金流或者以货币形式衡量的企业利润，价值实现载体也由追求利润最大化的产品转变为满足公众需要的公共物品和服务（Janet and Robert，2010）。

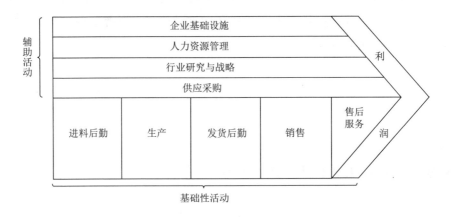

图 3-1　波特价值链

资料来源：迈克尔·波特：《竞争优势》，陈丽芳译，中信出版社 2014 年版。

价值链是企业管理领域常用的价值活动分析工具，旨在刻画价值创造、转移和分配的过程，强调产品供应各环节的价值实现和各业务主体流程上的协同合作。其核心思想可以概括为：企业基本的生产经营活动不断产生价值增值，企业辅助性的活动对基本活动提供助力；通过价值增值的不断实现，更好地实践企业运营的目标，即产生利润。

流域水资源治理"协同—绩效"链的核心理念借鉴价值链的思维，即政府流域水资源协同治理活动不断产生协同绩效，一些环境、制度等因素提供了协同推力；通过治理协同绩效的不断实现，更好地实践政府流域水资源治理的目标，即创造公共价值。

三、公共价值：流域水资源治理"协同—绩效"链的核心使命

20 世纪 70 年代末，公共领域的私有化改革与政府合法性危机促使政府和学界重新思考公共行政的价值问题。如何在治理体系下寻找价值共识，实现价值重塑，提高治理能力和增进公共权力的合法性，已成为现代公共管理研究的关键问题（张康之，2000）。传统公共行政将政治决策与行政执行分开，坚持公共性的价值取向，即共享性与非排他性的价值集合；新公共管理理论引入企业管理的理念，重视对绩效的管理，强调公共活动中的效率追求；新公共服务理论则在两者的基础上，提出在政策制定过程中应树立民主与公平的规范性价值，在政策执行过程中应突出效率追求的市场性价值。1994 年，美国学者马克·H. 穆尔（Mark H. Moore）在研究公共部门战略管理时，提出公共价值（Public Value）的概念[①]，认为就如同企业追求利润一样，公共部门的价值追求是为公众创造公共价值，公共政策应围绕公共价值创造展开，公共产品和服务的供给应紧密结合公众的需求。马克·H. 穆尔（Mark H. Moore）还在《创造公共价值：政府战略管理》一书中给出公共价值创造的三条途径，即"对什么是有价值和有效的实质性判断（Substantive Judgement）、正确地判断各种政治期望（Political Expectations）、对可行性有清醒的认识（Feasibility Study）"[②]。公共价值理论"为公共管理实践提供重大理论指导"（Stoker and Evans，2016），"逐渐成为西方公共行政学研究的关键概念工具"（Williams and Sheareer，2011）。我国学者也积极跟进，从公共价值内涵、类型结构和关系等多个层面展开研究（赵景华、李宇环，2011；包国宪、王学军，2012；杨博、谢光远，2014），并将其演绎为"战略管理三角模型"（赵景华、李代民，2009）。水资源是

---

① Moore M. H.，"Public Value As the Focus of Strategy"，*Australian Journal of Public Administration*，Vol. 53，No. 3，1994，pp. 296–303.

② 马克·H. 穆尔：《创造公共价值：政府战略管理》，伍满桂译，商务印书馆 2016 年版。

自然界的基本组成部分，是人类赖以生存和发展的最重要的自然资源和生态环境要素。水资源的公共价值客观地反映于水资源的价值属性之中。水资源既表现为单纯的氢、氧两种元素组成的无机化合物，又在更多时候表现为水环境介质和水生态载体，具有资源特征、环境特征和生态特征，正如 2011 年中央一号文件中指出的，"水是生命之源、生产之要、生态之基"。因此，流域水资源的公共价值反映于三个方面：一是经济价值，流域水资源是基础性的生活资料和生产资料，参与生产和消费的经济活动，作用于农业、工业和服务业等各个环节；二是社会价值，社会价值体现人与人之间的关系，流域水资源的开发、分配、使用，应体现公平性和可持续性，实现社会"创新、协调、绿色、开放、共享"的发展；三是生态价值，流域水资源控制和影响生态系统的演替，水资源分布和水体质量决定了水生态系统调蓄洪水、净化环境、调节气候、保持生物多样性等多种生态服务功能的能力。

对传统公共行政"价值矮化"，是新公共管理遭受的主要诟病之一（丁煌，2004）。"顾客导向""企业家精神"等思维过分追求工具理性，忽视公共行政中公平、正义等根本目标，逐渐侵蚀公共行政的价值理念（张成福，2001），Moe（1994）认为，公共管理借用市场机制的手段，加深了政府的合法性危机；而公共价值是政府绩效管理的本质追求，为绩效合法性提供保障（包国宪等，2012）。因此，我国流域水资源治理协同绩效的核心使命是创造公共价值。自然和生态属性是水资源的内生属性，水资源作为自然界物理、化学和生物过程的重要载体，负责多种生态功能的供给。人类的活动赋予了水资源价值属性，从农业社会到工业社会，再到生态文明时代，水资源的价值内涵不断泛化。如同企业对利润的追求，我国流域水资源治理协同绩效的核心使命定位于创造公共价值，这决定了政府治理的行为和方向，为治理协同绩效提供基础和根本保障。

第二节　流域水资源治理"协同—绩效"链——治理链、动力层和效应机理

一、流域水资源治理"协同—绩效"链的内涵

协同作为一种能够打破组织功能和边界的、具备可渗透性的组织形式（范如国，2014），是处理当前日益复杂、多维的公共管理问题的有效方式。有学者选择绩效的话语体系，衡量政府协同治理效果或对协同治理有效性进行表述。燕继荣（2015）认为，当前跨部门协同绩效低下，制约跨界事务治理；陈慧荣和张煜（2015）在基层社会治理实践中，提到避免协同失灵，实现协同绩效；付景涛（2017）探讨了非任务绩效对跨部门协同绩效的影响。当前公共事务治理的研究中，"协同绩效"一词多作为治理效果进行表述，并未系统展开。原因主要有两点：不针对具体公共事务，依靠分散的事例难以深入说明政府在治理过程的角色和行为，从而难以系统论述"什么是协同绩效"；不对具体机制进行研究，也无法回答"怎样取得协同绩效"。因此，协同绩效研究需要针对具体公共事务，建立实现机制的分析框架。

协同绩效是政府具备协同作用的活动所产生的治理效果，是协同治理过程中产生的"价值增值"。流域水资源治理"协同—绩效"链是我国流域水资源治理协同绩效实现其机制的载体，也是针对我国流域水资源协同治理活动的分析框架。流域水资源"协同—绩效"链反映的是缓解流域治理主客体及环境之间张力（tension）、整合碎片化管理的协调过程，也是取得协同绩效的过程。水资源治理"协同—绩效"链分为主体部分的水资源协同治理链与辅助部分的水资源协同动力层（见图3-2）。

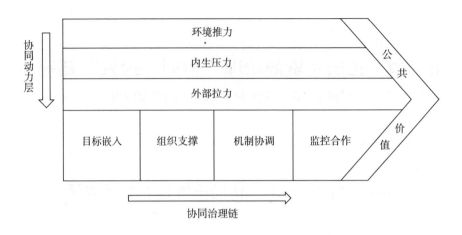

图 3-2　流域水资源治理"协同—绩效"链

资料来源：作者绘制。

二、流域水资源治理"协同—绩效"链的主要内容

水资源治理协同链是整个流域水资源治理"协同—绩效"链的主体部分，协同绩效即产生于该环节，并不断"增值"、叠加，相当于波特价值链中实现价值增值的"基本活动"。水资源协同治理链分为目标嵌入、组织支撑、机制协调、监控合作四个环节，其逻辑基础借助管理学传统范式，即"计划—组织—领导—控制"（见图 3-3）。协同绩效是政府治理活动的产物，"目标—组织—机制—监控"可以较全面地归纳能够产生协同效果的政府流域水资源治理活动。目标嵌入，类似于"嵌入式自治"的概念（何艳玲，2009），是一种"纵向嵌入式治理"（邢华，2014）的行为，具体指中央、国务院职能部门或省级政府等通过法律法规、战略规划、条例规章，依托层级权威，纵向嵌入流域水资源治理之中。政策法规制定的过程本身就是政府部门间合作的过程（张伟国，2013），旨在整合部门、地区间的价值碎片，激活部门及地区间的横向协同联动，解决诸如规划重叠、政出多门各自为政等问题，这往往是流域水资源协同治理"增值"的开端和"指

挥棒"。目标制定后，需要有执行的载体，即组织支撑。通过建立跨区域、跨部门的流域管理机构、中心政策小组、部际联席会议、专项任务小组，以及配备相应的人、财、物等，优化部门化和属地化的流域水资源传统管理方式，实现跨区域、跨部门的合作。组织支撑是流域协同治理的"骨架"，也是目标嵌入后协同绩效持续"增值"的下一名"接棒员"。机制协调主要是指有利于沟通、协调、决策等机制的构建，包括行政性的如协调小组例会制度、专题情况通报工作会议制度、重大水污染事件报告制度等，以及经济性、市场化的协调机制，通过消除信息不对称、机构管理不统筹等问题，识别利益相关者，缓解彼此间的利益张力。如果将流域治理活动视为系统性的化学式，那么机制协调就是目标嵌入和组织支撑这些"反应物"和协同绩效"生成物"之间的"催化剂"。流域水资源治理协同绩效的持续增值，还需要监控合作把控治理节奏。党的十九届三中全会通过的《中共中央关于深化党和国家机构改革的决定》中也强调"加强监管协同"。有效的合作监控可为协同治理链前段环节提供保障，确定流域水资源治理协同能够落地、生效，如政府在流域水资源治理中的监督、评估以及重大水事件的应急处理等活动中的统筹联动等，避免多头执法、有政策无评价等问题。

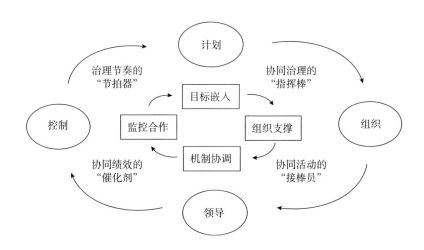

图 3-3　流域水资源治理协同链的效能环

资料来源：作者绘制。

需要说明的是，针对产生协同效果的机理或政府协同治理机制的研究成果很多。有学者按治理主体间的关系，将治理机制分为科层型、市场型、府际治理（王勇，2010）。有学者从网络治理的视角，分析了权威依托的等级制纵向协同、"部委联席会议"为代表的横向协同和围绕专项任务开展的条块协同（周志忍、蒋敏娟，2013）。有学者在网络治理的基础上，分析协同机制的影响因素及治理工具选择，提出纵向嵌入式治理（邢华，2014）。部分学者从系统论的视角建立政府协同治理分析框架，如政策循环（政策评估、政策执行、公共决策、方案规划、议程设置）、政策子系统（行动主体、制度机构、政策工具）、跨域事务（自然系统、人工物、自然—人工关系）的分类（曹堂哲，2015）；开放程度（信息公开、信息互通）、控制参量（绩效考核、环境问责、联合执法）、有序参量（组织和权责要素、利益要素、政策要素、文化要素）的分类（王俊敏、沈菊琴，2016）等。这些成果为水资源治理协同链的构建，提供了很好的借鉴。"目标—组织—机制—监控"的划分层次，相较而言更适合流域水资源治理"协同—绩效"链的"价值分析"，可以看作是对协同治理分析维度的丰富。

水资源协同动力层是整个流域水资源治理"协同—绩效"链的辅助部分，不直接产生协同绩效，如同人力资源管理、技术进步、生产设备或者基础设施升级等活动不直接产生产品、创造"价值"。不过可以对协同活动产生影响，推动协同绩效的产生，相当于波特价值链中促进价值增值的"辅助性活动"。水资源协同动力层分为稀缺性引致的环境推力、合法性引致的外部拉力、成本性引致的内生压力三部分。这符合组织系统动力的基本逻辑，即系统外部存在的推力、拉力，联合系统内部自发产生的动力，一同推动系统前进。具体到水资源协同动力层，环境推力、外部拉力和内生压力，一同形成一个"动力场"或者"动机环"，存在于政府流域水资源治理活动之中，激发治理主体协同的开展，为协同绩效的产生提供支持。环境推力，是指水资源跨域性和外部性对政府治理能力提出更高要求，加深了政府间的依赖动机，政府协同联动才能更好应对外部环境的挑战，获得信息、专业知识、技术以及财政上的储备稳定性，减少不确定性。以近年来频发的重大水污染治理为例,河流污染多是单向的越界污染,一旦发生,不仅需要净水处理、泄洪、加密监测等应急措施,而且需要保障流域沿岸生产、生活用水,单个地方政府缺乏解决跨域水污染事件的资源和能力,需要跨区域、多部门的协同联动。外部拉力,是指出于合法性的考虑而加强政府间协同。近年来,生态文明概念深入人心,而公众生态文明意识具有较强的"政府依赖"特征,被调查者普遍认为政府是生态文明建设的责任主体①,因此,频繁爆发的水危机等公共危机为流域水资源治理主体带来了一定程度的合法性危机。流域上、中、下游之间存在天然的社会、经济和生态联系,协同治理是政府维护合法性的选择。内生压力,是指协同治理符合治理能力和治理体系现代化的要求,有利于降低政府治理跨域公共事务时的交易成本,更好地应对政府间的竞争以及官员"晋升锦标赛"(周黎安,2007)。随着经济社会的发展和技术的进步,政府所处的环境不断发生变化,治理主体间利益日趋多元,许多问题跨越了条块分割的行政管理体制边界,不确定性增强,协同治理成为经常出现在处理复杂公共问题特别是跨域公共事务治理领域的实践活动。如美国在水资源规划、联邦森林和土地领域皆采取协同治理模式。随着协同程度加深,专业化的调查协调手段、专业化设备、报告和评价以及数据搜集手段的不断完善,可以降低信息、谈判和达成协议方面的互动成本,事后的监督和执行的行政成本也会相应降低,从而降低整个治理活动的交易成本,提升治理绩效。

三、流域水资源治理"协同—绩效"链的效应机理

流域水资源治理"协同—绩效"链,实质上是将流域治理效果置于绩效的语境下,以协同治理为核心内容,探寻如何实现流域有效治理的问题。关于如何实现流域的有效治理,必须结合当前的体制环境。2002年修订的《水法》第十二条中已经明确指出,"国家对水资源实行流域管理与行政区域管理相结合的管理体制"。因此,流域水资源治理的关键是如何实现"流

---

① 参见:http://www.gov.cn/jrzg/2014-02/20/content_ 2616364. htm。

域管理和行政区域管理相结合"，而正如诸多学者所指出的，"结合"的核心就是协同治理问题（陈瑞莲、任敏，2008；赵景华、李代民，2009；周志忍、蒋敏娟，2013）。在当前民众和社会参与的治理力量尚在发展的现实情景下，协同治理的主体也就是流域水资源管理的主体，即《水法》中规定的"国务院水行政部门""国务院水行政主管部门在国家确定的重要江河、湖泊设立的流域管理机构""县级以上地方人民政府水行政主管部门"以及"按照职责分工，负责水资源开发、利用、节约和保护的有关工作"的各级水行政主管部门所隶属的各级政府和其他涉水业务部门①。可见，通过治理主体间的有效协同，来促进"流域管理"和"区域管理"相结合，是实现流域有效治理的核心议题，而协同治理的效果即为治理协同绩效。流域水资源治理"协同—绩效"链就是借鉴波特价值链的理念，尝试刻画治理协同绩效的产生和"增值"。其效应机理是什么，即怎么实现流域水资源治理协同？回答这个问题，分为以下三步：

一是流域水资源协同治理主要表现是什么，即什么是流域水资源协同治理（类似于因变量）？二是受哪些方面控制（类似于调节变量）？三是流域水资源治理"协同—绩效"链怎样影响这些方面从而产生协同绩效，即实现流域有效治理（类似于自变量通过作用调节变量从而影响结果）？三个问题分别对应三个框图，基于第二章理论述评，寻找解释维度，将其组合就是流域水资源治理"协同—绩效"链效应机理的逻辑链条（见图3-4）。

流域水资源协同治理表现为两个方面：治理协调性和治理同步性。本书将其概括为治理协同的"一体两翼"。《说文解字》中指出"协，众之同和也；同，合会也"②。可见，协同可以概括为两方面，即协调性和同步性。就好比交响乐队，只有弦乐、器乐和打击乐等不同部分高度协调性的演奏，才能产生出美妙的乐章；又如一场团体接力比赛，团队每位成员速度、交接棒节奏的同步性越高，比赛成绩越好。流域水资源治理协同亦是此理。

---

① 《中华人民共和国水法》第十三条规定：国务院有关部门按照职责分工，负责水资源开发、利用、节约和保护的有关工作。县级以上地方人民政府有关部门按照职责分工，负责本行政区域内水资源开发、利用、节约和保护的有关工作。

② 许慎：《说文解字》，中华书局2003年版。

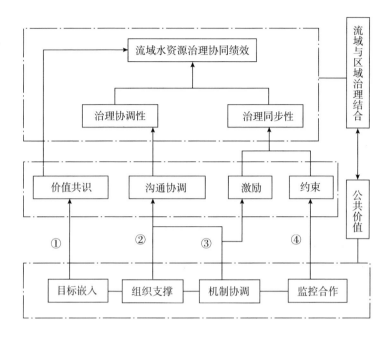

图 3-4　流域水资源治理"协同—绩效"链效应机理

"九龙治水"问题就是缺乏协调性的表现。我国流域涉水机构分割管理，水质、水生态、航运等功能性职权分别属于水利、环保、交通等部门。以多种水功能区划为例，环保部划定水环境保护功能区和生态功能区、水利部划分水功能区、国家发改委划定主体功能区，而各种功能区纳污和质检标准体系、检测设备设置等协调性管理是治理协同的重要表现。区域间治理的不同步，可能引起"个体理性"与"集体理性"矛盾。如果上游地区因追求经济总量而鼓励高排污企业的发展，中游因产业结构调整而加大水资源使用量，下游地区将生态建设作为核心战略，整条流域的公共价值将无法实现，而个体利益最终也会受到影响。

　　"一体两翼"的流域水资源协同治理受三个方面影响：价值共识、沟通协商和激励约束。其内在逻辑是，形成价值共识，可以促发治理协同行动；沟通协商可以降低信息不对称，平衡治理主体间利益张力，提高治理协调性；激励约束，是对治理同步性的把控。基于上文理论述评，Thomson 和

Perry（2006）的协同治理过程模型（Collaboration Processes）将资源与风险分担的共识作为治理协同先行阶段的首要因素，Bryson 等（2006）的跨部门合作框架也把"召集人就问题达成普遍协议"作为协同联动的初始条件，Simo 和 Bies（2007）、Ansell 和 Gash（2008）、申剑敏（2013）等学者认为形成价值共识（Consensus），协调一致的治理行为才成为可能。而沟通协商和激励约束是合作发展过程模型（Jones et al.，1997）、网络治理一般模型（Ring and Van，1994）和跨部门合作模型（Bryson and Stone，2006）的核心维度，是治理主体或部门间协同合作的前提。观察流域水资源治理实践也可以发现，正是沟通协商和激励约束机制的缺乏，导致了治理不协调（陈瑞莲、任敏，2008）、不同步（朱德米，2009）的问题，具体表现为资源和权力分配的碎片化以及政策制定和执行的碎片化等（任敏，2015）。

流域水资源治理"协同—绩效"链的主体部分协同治理链，提供了四个协同治理维度，即目标嵌入、组织支撑、机制协调、监控合作。依照效应机理（见图 3-4），提出如下假设，具体地：

目标嵌入，其效能是通过作用于价值共识，从而影响治理协同绩效。而价值共识是流域水资源治理协同绩效的基础性条件，即通过依托等级权威，将共同目标、政策制度等纵向嵌入流域治理主体之间，整合流域治理主体间价值碎片，形成价值共识，激活部门或地方政府间横向合作（邢华，2015）。目标嵌入代表纵向权威的传递，在当前流域治理体系中，是形成共识最高效的方式。基于此，本书提出（对照图 3-4 中路线①）：

假设 H1a：流域水资源治理协同目标嵌入促进流域水资源治理协同绩效。

假设 H1b：流域水资源治理协同目标嵌入影响效力较组织支撑、机制协调和监控合作更强。

组织支撑，通过优化部门间的协调沟通，从而影响治理协同绩效。通过组建和优化"跨部门、跨组织"的流域管理机构，搭建流域和区域管理结合的桥梁，便于治理主体间的沟通交流。不过，组织支撑可能受"组织逻辑困境"影响陷入"帕金森陷阱"（周志忍、蒋敏娟，2013），即伴随幅度扩张出现运转失调、"协同失灵",从而减弱对流域水资源治理协同绩效的影响力,需要其他治理协同活动的配合。基于此,本书提出(对照图3-4中路线②):

假设H2a:流域水资源治理协同组织支撑促进流域水资源治理协同绩效。

假设H2b:流域水资源治理协同组织支撑影响效力弱于其他影响因素。

机制协调,这是最接近治理协同传统理解的治理活动。由图3-4可得,机制协调通过两条线路(图3-4中路线②和③)分别影响治理协调性和治理同步性,可见其重要性。针对跨部门间的治理协调性,设立流域水资源治理联席会议制度等,加强沟通交流,为治理主体创造协商性平台;针对跨区域间的治理同步性,通过横向的生态补偿等经济性机制,或者水资源使用权交易、排污权交易、治污资产证券化等市场性手段,缓解利益张力,考虑利益导向,因此将其视为影响治理同步性的激励性因素。基于此,本书提出(对照图3-4中路线②和③):

假设H3a:流域水资源治理协同机制协调促进流域水资源治理协同绩效。

假设H3b:流域水资源治理协同机制协调影响效力较强。

监控合作,通过发挥约束效能,作用于治理同步性,从而影响治理协同绩效。政府在流域水资源治理中的监督、评估以及重大水事件的应急处理等行为,能够处理省际水事纠纷,为法规效力、政策执行力、流域目标约束性、官员目标责任制等提供保障。基于此,本书提出(对照图3-4中路线④):

假设H4:流域水资源治理协同监控合作促进流域水资源治理协同绩效。

依照以上假设,目标嵌入、组织支撑、机制协调和监控合作是流域水资源治理协同绩效的影响因素。不过,如同波特价值链需要内部后勤、生产作业、外部后勤、市场和销售、服务等环节的联动配合,实现流域水资源治理协同绩效同样需要各影响因素的配合。流域是一个复杂系统,很难依靠诸如颁布政策法规、成立"跨部门、跨流域"的机构等单一措施实现有效治理。正如现有研究认为，协同治理管理的是"复杂奇特"社会问题（Kickert and Koppenjan，2004），需要诸多要素的相互依存、共同作用来克服"部门失败"（Bryson et al.，2006）和"参与的制约因素"（Ansell and Gash，2008）。基于此，本书提出：

假设 H5：流域水资源治理协同绩效的实现路径需多个影响因素搭配。

综上，设立假设 H1a、H2a、H3a 和 H4，是为了验证流域水资源治理"协同—绩效"链是否成立，即流域水资源"协同—绩效"链的主体部分——治理协同链的四个维度是否合理；设立假设 H1b、H2b、H3b 是为了进一步揭示流域水资源治理"协同—绩效"链的效应机理，旨在结合假设 H5 的设立，探寻流域水资源治理协同绩效的实现路径（见表 3-1）。

表 3-1　我国流域水资源治理"协同—绩效"链的假设

假设	内容	目的
H1a	流域水资源治理协同目标嵌入促进流域水资源治理协同绩效	验证理论合理性（影响因素）
H2a	流域水资源治理协同组织支撑促进流域水资源治理协同绩效	
H3a	流域水资源治理协同机制协调促进流域水资源治理协同绩效	
H4	流域水资源治理协同监控合作促进流域水资源治理协同绩效	
H1b	流域水资源治理协同目标嵌入影响效力较组织支撑、机制协调和监控合作更强	验证理论有效性（效应机理）
H2b	流域水资源治理协同组织支撑影响效力弱于其他影响因素	
H3b	流域水资源治理协同机制协调影响效力较强	
H5	流域水资源治理协同绩效的实现路径需多个影响因素搭配	探寻实现路径

第三节　流域水资源治理协同绩效的影响因素

治理协同绩效是用来表示政府协同治理活动所产生的效果。流域水资源治理中存在的诸多问题，往往是因为协同治理的"缺位""错位"造成的，需要将其"补位""归位"，这是协同治理"量"的问题；当然，治理过程中也可能存在"越位"或"失位"等协同失灵现象，需要将其"复位"和"就位"，这是协同治理"质"的问题。协同治理"量""质"并举，提高流域水资源治理效果，即产生协同绩效并不断"增值"。因此，取得流域水资源治理协同绩效，关键在于分析政府开展了哪些协同治理的措施，或者说分析影响流域水资源治理协同绩效的因素有哪些。

流域水资源治理"协同—绩效"链的主体部分——水资源协同治理链提供了一个分析框架。按照管理实践履行职能的"计划—组织—领导—控制"四个方面，流域水资源协同治理也可以分为四个环节：目标嵌入、组织支撑、机制协同、监控合作。目标嵌入、组织支撑属于一种依托权威、等级的纵向协同行为，机制协同主要是针对治理主体间的横向协同，监控合作具有横纵条块协同的属性。协同绩效产生于众多协同治理活动之中，随着协同治理环节增加而不断"增值"。协同绩效不断提升表现在更好地服务于水资源的公共价值创造。

一、目标嵌入：协同治理的"指挥棒"

流域水资源具有跨域性和外部性，涉及多个主体，必须协调配合，就好比交响乐队，必须有弦乐、器乐和打击乐等不同部分协调演奏，才能产生出美妙的乐章。因此，每个角色该如何分配以及配合至关重要。流域水资源治理中突出的现象就是，部门职能分散、协调不力；地方合作不足、竞争无序，这也是流域诸多问题的根源。均衡地方和部门间的利益关系，形成协同治理的共识，当前最有效的方式就是中央协调或采取强力措施。目标嵌入就是这种协同治理的行为，是"弦乐、器乐和打击乐"的指挥棒。

目标嵌入是指政府通过宏观、中观、微观三个层面的流域水资源目标治理，实现价值整合的过程。具体表现是，中央或者国务院水行政主管部门制定、颁布、下发涉及多个治理主体治理流域水资源的法律、行政法规及法规性文件、部门规章及规范性文件；流域管理机构根据规定要求，制定相应的流域规范性文件、编制流域规划等；省（自治区、直辖市）的水行政主管部门响应，出台相应的实施细则、管理办法、条例等；地（市）水行政主管部门根据要求做出相应规定；县级水行政主管部门进一步制订落实方案（见图3-5）。中央针对流域水资源治理总体把控，制定基本原则和制度。不过，由于流域囊括区位条件、经济社会发展不同的区域，上级政府部门要兼顾下级各主体的差异化情况，所以出台的方案只能是原则性强于针对性和适应性，需要各级治理主体自行制定实施方法进行细化。这是一个目标管理的体系，也是一个协同治理产生协同绩效的过程，协同绩效产生于上述各个层级，随着层级的延伸而不断"增值"。目标是行动的先导，目标协同可以凝聚共识，是治理活动的开端。2016年新修订的《水法》中"建设水工程，必须符合流域综合规划"等规定，进一步凸显了统筹规划的重要性。

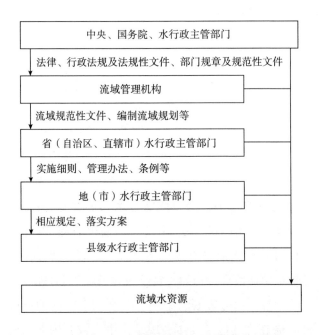

图3-5 流域水资源协同治理的目标嵌入路径

目标嵌入依托权威的等级制纵向流动，不过并不表明上级政府是流域水资源治理的"主宰者"，也不是流域与行政区域结合的"旁观者"，而是促使部门或地方政府间横向合作的"激活者"，毕竟协同联动的部门与地方政府是流域水资源治理末梢。

目标嵌入可以整合价值碎片，形成共识，依托权威的等级制纵向传递、"发包"，推动协同治理。权威来自我国法定的"统一领导、分级管理"的中央与地方关系的基本体制，实质上搭建了一条等级性治理路径：中央和上级部门制定方针、政策、原则，地方根据中央的方针、政策在各自管辖范围内具体落实。通过这种等级路径，权威不断传递，协调、平衡治理主体间的利益张力。以流域取水为例，地方政府为了本地区的发展，对开放利用流域水资源十分积极，"个体理性"损害集体利益；并且，上游对下游天然的地理区位优势以及在缺乏水权交易等市场化工具的情况下，各区域用水矛盾更是难以调和，这是一个需要协同治理才能解决的问题，而目标嵌入是协同治理的第一步。1987年《国务院办公厅转发国家计委和水电部关于黄河可供水量分配方案报告的通知》（国办发〔1987〕61号），这就是"八七分水"方案。以此为基础，2007年水利部发布《水量分配暂行办法》，为总量与强度双控的最严格水资源管理奠定基础，也为下一步水权交易等协同治理活动的实施铺平道路。目标嵌入表现为目标制定、传递的行为，实质上是一个上下商讨、横向沟通、多方博弈的结果。制度、政策出台时间及纵向传递速度，也影响治理协同绩效的取得。1988年的《水法》以及2002年新修订的《水法》均授权国务院制定水资源费征收办法，不过直到2006年国务院才颁布《取水许可和水资源费征收管理条例》。中央和地方立法脱节，导致了地方政府机会主义的行为策略，造成流域治理各自为政的不协同局面。需要说明的是，目标嵌入不仅反映在法律法规、方针原则等制定的数量、颁布的速度、实施的力度等"量"的要求上，而且要在政策、法规的一致性，各政府和部门制定的标准、细则的协同度上进行"质"的把控。例如河道采砂，水利部门依据《水法》审批并收取河道采砂管理费，国土部门依据《中华人民共和国矿产资源法》审批并收取矿产资源补偿费。每个部门都有法可依，不过行政成本高，行政效率低，甚至有越权、不作为等行为发生。再如制定流域规划时，应运用生态系统的方法进行空间规划，注意水资源质量、生物多样性与经济社会发展的协调度问题，使流域规划切合（Fit）流域制度①；同时还需注意技术方法层面的变革，将平行性规划转变为集成性规划，通过战略环境分析，将空间规划与水资源、资本、土地等决策结合，如荷兰的 SWAMP 模式，同时具备开放性和参与性（Wolsink，2006）。目标嵌入的选择也是协同治理"质"的要求。各流域间地理环境差异较大，经济社会发展不同，目标嵌入的时机、程度与方式应体现出差异化，如何在已经较好协同联动的流域，避免嵌入过度，影响横向协同作用的发挥，或者如何在亟须协同联动的流域，提高嵌入力度，激活政府部门间的合作，是目标嵌入需要注意的地方，同时也是政府治理能力现代化的体现。

二、组织支撑：协同活动的"接棒员"

法律法规、政策规划等目标嵌入可以起到统筹流域各方利益、约束地区间无序竞争的作用，不过协同绩效下一步的"增值"需要合理设置相应的部门或机构，即嵌入目标的执行载体。如果说目标是依托权威的等级纵向协同的内容，这些组织就是传导的具体路径。如同在接力比赛中，顺利的交接棒是取得好成绩的前提条件，优秀的接力跑运动员会在交接棒的瞬间，恰好达到在接力区的最高速度，然后跑出接力区，一直到把接力棒交到下一名运动员的手中，这样环环相扣，最终冲刺到终点。组织支撑就是需要接住目标嵌入接力棒的"下一名运动员"。

组织支撑可以视为行政管理体制层面的结构性协同治理（Structural Mechanisms）。当前，流域水资源协同治理最主要的内容是如何实现流域与

---

① 参见：https：//www. researchgate. net/profile/Iuliana－Gheorghe/publication/297679189_The_Ecosystem_Approach_applied_to_Spatial_Planning/links/56e028d408ae9b93f79c25a1/The－Ecosystem－Approach－applied－to－Spatial－Planning. pdf。

行政区域的联动协同。具体到行政管理体制层面，就是如何通过组织建设，优化部门化和属地化的传统管理方式，实现跨区域、跨部门的合作。组织支撑可以视为目标嵌入的"骨架"，具体内容表现为：完善流域管理机构这根"骨"，配套搭建组织建设的"架"。

当前，我国流域管理层面的协同合作组织主要是流域管理机构。虽然，目前我国成立的长江、黄河、淮河、珠江、松辽、海河、太湖等七个流域管理机构均为隶属水利部的派出机构，不过在如三峡大坝等水利工程建设、珠江压咸补淡应急调水等水资源统筹调度、组织安徽河南等省签署水事工作规约来解决跨省际水事纠纷、对松花江污染事故等跨省水污染事件的调查协调、制定编排京津冀突发性水事故的应急预案、召开协调会议对太湖蓝藻事件处理事务的协调等方面，流域管理机构发挥了重要的协同功能，起到类似于介于共享型和领导型治理（Provan and Kenis，2008）之间的协同机制作用。流域管理机构自1949年后成立发展，并通过1988年、2002年、2009年和2016年的《水法》修订予以规范化、制度化、法定化。流域管理机构是承接国务院水行政主管部门，对所辖流域范围内水资源管理和监督职责的组织，是联动部委以及地方政府流域治理的制度化建构。职能部门和地方政府分别从自身职能的角度介入流域水资源治理。根据《中华人民共和国国务院组织法》和《中华人民共和国立法法》的规定，主管部、委员会可以根据法律和国务院的行政法规、决定、命令，在本部门的权限内制定规章，发布命令和指示。"三定方案"实施后，各部委职能、资源、能力、权责有了相对清晰的边界。不过，由于各部委的职责范围是依照行业特质或属性划定的，具体到流域水资源即水的使用属性，并不能满足跨部门合作的要求，外部表现就是部门间的权责不一、职能的交叉重叠或错位。比如，水污染防治管理，涉及生态环境部、国家卫生健康委员会、水利部、自然资源部、住房和城乡建设部、交通运输部等部委。部门职能重叠的一个重要问题就是，主导作用的确定以及相应主体责任的承担。水污染防治中的水质监测，依照《水法》，国务院水行政部门向环境保护行政部门通报水质信息，而《中华人民共和国水污染防治法》中规定，国务院环保行政部门会同水行政部门组织监测网络，发布国家水环境信息，水质检测的责任主体不明，地方环保局和水利局关于水质信息发布冲突的案例并不少见。我国水资源保护和水污染防治实行地方政府的属地化管理，体制层面的协同治理还面临中央部委与地方政府合作的问题。除水行政主管部门的派出流域管理机构，还存在交通运输部流域航务管理局、环境保护部环境保护督察中心等国务院部门派出的流域（区域）机构，还有诸如国家防汛抗旱总指挥部、国务院三峡工程建设委员会、国务院南水北调工程建设委员会①等国务院议事协调机构（其单设办事机构，工作任务完成后撤销）。流域机构负责流域水资源治理日常，有机统筹整合流域各项事务，既可以弥补因跨域公共事务超出单个组织能力范围而带来的部门治理网络的"结构洞"（Structural Holes），也可以衔接唐斯（Downs）领域理论（Domains Theory）意义上的政策"领域带"。除了具有平行性特征的流域管理机构，流域水资源治理省部际还存在协商、自治意义的协同合作组织：以省为主的协同组织，如黄河中游水土保持委员会、长江上游水土保持委员会、松辽水系保护领导小组，均经国务院批准成立，由相关省区和国务院部委组成，其中一主要省的省长（副省长）任委员会主任（组长），办公室设在相应的水利部流域管理机构。

流域水资源治理实践中，组织支撑不仅局限于流域管理机构的建设，如省内层面成立流域委员会或者"划区设局"等，其主要内容取决于当地流域与行政区域的管理传统和模式，这些具有协同功能的流域组织机构，都是传统垂直型、压力型的行政管理体制改革的探索，是组织支撑的重要内容。行政区划的差异性，以及流域与区域合作的历史惯性，决定组织定位和地方政府的关系，从而影响组织职能的发挥。如珠江流域，珠江水利委员会与地方行政部门"指导不领导、监督不干扰、协办不取代"（张菊梅，2014）。以广东省为例，广东省成立流域管理委员会，下设韩江流域管理局、北江流域管理局、西江流域管理局和东江流域管理局，既受珠江流域委员会领导，又归省政府管辖，具体负责流域内各项规划、预案，行使

---

① 2018 年，国务院南水北调工程建设委员会已并入中华人民共和国水利部。

执法权和行政审批权，由省、市领导及地方水行政主管部门领导构成的委员会或协调小组成为协同治理的主要组织载体。辽宁省政府按流域划定保护区，并成立整合水利、环保、林业等七个部门职能的辽河保护管理局，"划区设局"，通过建立"跨部门、跨区域"的实体组织，统筹原分散在各部门的流域水资源治理职能，解决部门职能交叉、重叠或缺失的协同失灵问题。长江水利委员会，以流域重大工程项目为切入点，在水资源保护、调度、水环境修复以及危机应急处理等方面，与沿江各地水行政主管部门合作，在规划、审批、监测等工作中发挥协同功能。

　　组织支撑还需要合理设置流域水资源治理的部门、机构，并保障人员安排、财政拨付、设备仪器等方面的配备。合理设置是指，是否设置了具体执行相应法规政策的部门、机构、科室？是否提供人、财、物等使其有效运转的资源？部门或机构的职能定位是否准确合理，不存在"错位""越位""缺位"等问题？这也是组织支撑对协同绩效影响的"量"和"质"层面。流域管理机构属于部委的派出机构，虽然是中央和地方水行政部门的职能延伸，不过如果没有地方相应组织以及人、财、物的配备，缺乏治理末梢的深入，组织支撑的协同功能将受到极大限制。如取得较高协同绩效的辽河保护管理局[①]，自成立起就设立了市、县等分支机构，管理局对其核定级别及配备相应人员，明确其经费来源，同时成立辽河保护区公安局负责执法的有效性。此外，组织的对接、隶属也很重要。1975—1984年七大流域管理机构先后成立流域水资源管理局，是流域水资源保护、水资源防治统一管理的机构，实行水量与水质统一管理。1983年起，流域水资源保护局实行国务院水利部门、环保部门双重领导，以水利部门为主。由于流域水资源保护局是水利部派出机构的单列机构，双重领导实际上只是水利部领导，而流域水资源保护局在环保部门领导和支持的情况下，也难于对流域水资源保护、水污染防治统筹管理，水质与水量仍然是分割管理的状态，协同效果受到局限。

---

① 霍仕明、张国强：《辽河管理"大部制改革"获得成功》，《法制日报》2013年2月16日第4版。

三、机制协调：协同绩效的"催化剂"

设立诸如流域管理机构、中心政策小组、部际联席会议、专项任务小组等"跨部门、跨区域"的机构，整合部门或者区域切割的职能，是组织支撑的重要内容。不过，这并不意味着成立流域协调性组织，就可以持续产生协同绩效。若使职能、资源、能力、权责"泾渭分明"的部门，以及彼此存在利益张力的行政区划间联动协同治理，人、财、物齐备的组织机构仅是"反应物"，为了更多地生产协同绩效这种"生成物"，还需要机制协调这味"催化剂"。在"田忌赛马"这个经典案例里讲到，先用下等马对上等马，又用上等马对中等马，再用中等马对下等马，这样就以两胜一负取得总体好成绩。出场顺序的调整使比赛取得全局性的胜利，不过出场顺序的安排体现的是一种决策、沟通、协调机制综合作用的结果。同样地，成立发挥协同功能的组织载体，也需要机制协同的决策、沟通、协调。

机制协调是指，具有协商决策、信息沟通、职能协调的机制性、程序性安排或技术手段。包括面临流域跨界污染问题时的议程设定和决策程序、制度化信息交流平台、促进协同的财政工具等，如《黄河流域省际水事纠纷预防调处预案（试行）》《黄河流域省际边界水事协调工作规约》等。机制协调是协同治理的直接表现，不过如果没有权威性、共识性的目标嵌入以及结构性的组织支撑，机制协调就是无源之水、无本之木，停留在理念层面。以省际间的流域水资源保护与水污染防治为例，流域水资源保护和水污染防治的行政事权和职权，分属水利部门和环保部门，而且流域范围内地区分割、流域水资源治理还涉及多个行政区主体。机制协调的具体做法往往是依托现有的流域委员会或者隶属其的水资源保护局，联合地方水利部门以及环保部门成立协调小组。协调小组一般由各成员单位的分管负责人组成，组长单位为流域机构。决策方式有两种：一是在协调小组授权的范围内，由组长单位进行决策；二是通过协商方式决定跨域水资源治理措施。信息沟通是部门、地区机制协调的重要内容，如流域机构掌握流域管理和规划、取水许可、水利工程管理与运转的信息；流域水资源保护局掌握流域功能区管理、入河排污口管理、地区间缓冲区水资源质量情况的相关信息；地方水利部门掌握该地区流域的水资源管理和规划、水量调度等相关信息；地方环保部门掌握水环境质量、地区流域水污染综合治理情况、重大水污染事故的有关信息。如果想协同治理流域水资源保护和污染防治问题，必须共享部门、地区间掌握的信息。功能协调的机制协同体现在成立诸如协调小组办公室二级单位；设立协调小组例会制度、专题情况通报工作会议制度、重大水污染事件报告制度等。与目标嵌入、组织支撑依托权威进行等级性的纵向协同模式不同，机制协调属于协商性的横向协同。这是协调解决部门间职能分散、地区间利益冲突、流域管理与行政区域管理结合难等问题的关键环节，自然也是取得流域水资源治理协同绩效的重要治理行为。机制协调主要有三个维度：沟通、决策、协调。沟通主要是信息的交流共享，这是部门或地区间合作的第一步，有助于形成共识，整合价值；决策是协调治理的必要内容，管理碎片化一定程度上就是因为决策碎片化（高兴武，2008）；协调是协同治理的应有之意，也是政策法规执行的保障。当前，流域水资源机制协调的几种主要模式，如流域治理合作机制、跨行政区交界断面水质达标交接管理机制、流域部门地区协作机制等，主要也是围绕决策、沟通和协调这三个方面展开的：成立领导小组、联席会议和其他议事委员会，负责政策制定等职责；构建部门间信息通报制度进行沟通；就流域水资源治理的具体问题举办论坛、召开会议等进行双边谈判和协商等。

除了部门、地方政府间的协商决策、信息沟通、利益协调等行政性机制外，经济性、市场化手段的运用也可以促进流域水资源治理主体间横向的合作、协同，市场机制是流域水资源治理转型的重要内容（王资峰，2010）。流域水资源治理从最初的安全管理（Safety-management）到现在的互动性水管理（Interactive-water-management）阶段（Van，1999），治理主体之间、使用者之间、水质保护与开发利用间的利益张力日益增加，而协调相关利益的冲突矛盾，缓解、转化彼此间的利益张力，经济性、市场化的机制往往比行政性机制效果更明显。当前，促进流域水资源协同治理的经济性或市场化的机制主要有三种。第一，流域补偿机制，其中以生态补偿最为普遍。以流域为纽带连接的上下游、干支流、左右岸是水资源利益共同体，既有共同保护水资源、水环境的义务，同时也共享流域的权益。流域地理特征形成的流域外溢效应的单向性，使上游的水质决定了流域的整体环境，下游在水生态方面很难影响上游。因此，随着生态建设与经济社会发展共同推进，上游不能重复下游已经走完的"先污染、后治理"模式，上游地区生态服务的成本较中下游上升的更快，需要下游予以适当的补偿。以珠江支流东江流域为例，处在下游的城市对上游的城市，在水库移民、流域生态公益林、流域源头保护等方面会进行资金扶持。此外，流域水资源治理协同中财政政策也可以发挥激励效应，如 2011 年财政部、水利部联合颁布的《全国中小河流治理项目和资金管理办法》中设立了流域治理专项资金，以奖代补，鼓励地区间的协同合作。第二，水权、排污权交易。2007 年水利部发布的《水量分配暂行办法》表明，"十一五"期间基本完成国家确定的重要江河、湖泊和其他跨省、自治区、直辖市的江河、湖泊的水量分配方案，为水权交易奠定基础。最严格水资源管理制度将水资源实行量化管理，原先虚拟的排污权也可以从容量总量进行控制。水资源使用量和有限的排污容量通过有偿获得，不仅有利于总量控制，而且通过责任义务和利益挂钩，使其成为协调利益相关者关系的重要方式。第三，绿色信贷和绿色保险等金融服务，也是流域治理的重要选择（王遥、徐楠，2016）。通过探索绿色信贷和绿色保险制度，建立流域主体间的约束和保障机制，推广绿色产品认证服务等，丰富流域水资源公共价值内涵。水权和排污权市场的建设，绿色金融手段的运用，还可以把企业引入流域水资源治理之中，丰富治理主体，有利于协同绩效的持续产生。

需要指出的是，在当前流域垂直型、压力型行政管理体制中，省际联席会议等行政色彩浓厚的组织性机制协同作用更明显，市场性机制协同尚处于探索、发展阶段。市场化机制能够落地并发挥作用，依赖于流域水资源治理市场化制度环境的建设。不过随着水权制度、水价改革以及水务市场建设的不断推进，市场化机制的生存土壤更加丰厚。

四、监控合作：治理节奏的"节拍器"

协同从字面上理解即协调、同步。协调强调合作，同步意味着对节奏的把控。流域水资源协同治理不仅需要目标嵌入激活治理主体间行动、组织支撑和机制协调配合促进治理主体间合作，还需要监控统筹治理系统的整体节奏。根据部门和岗位的职责性质、在流域治理中的职能分工及经济社会发展的作用，"提档""踩油门"的激励措施以及"降档""踩刹车"的监管制度为协同治理链前段环节提供保障，使流域水资源协同治理能够落地、生效。

监控合作是指，政府部门在流域水资源治理中的监督、评估以及重大水事件的应急处理等活动中的统筹联动。党的十九届三中全会通过的《中共中央关于深化党和国家机构改革的决定》中强调"加强监管协同"。跨域公共事务的复杂性要求，流域水资源治理监控需要部际、省部际以及地方政府（市、县）的合作协同。部委层的监管，主要是通过层级（如国务院领导、常务或专门会议等）、专门机构（监察部）、协调会议等方式实践。如经国务院批准成立的淮河流域水资源保护领导小组、太湖流域水环境综合治理省部际联席会议等，一般由相关省区和国务院部委组成，由国务院部委负责人任组长（召集人）。以太湖流域水环境监管为例，有国务院13个委（部、办、局）和江苏、浙江、上海两省一市16个成员参与，职责包括监督《太湖流域水环境综合治理总体方案》，以及监控与之相关的专项规划的制定和实施，定期评估水质，进行信息通报以及出台奖罚措施。省部际监控合作层面，《太湖流域水环境综合治理总体方案》规定，"健全主要领导人的目标责任制"，纳入其政绩考核并问责。市（县、区）是具体规划建设项目、排污、工程标准等领域行政监察、执法检查的责任主体。流域水污染等监管效果的关键环节在于市级水环境行政部门的合作。无锡水危机后，地方跨部门间合作往往成立考核监督小组，建设多元监督考核体系

（朱德米，2009）。可见，流域水资源协同治理的监控合作，关键是监管权力的分配，避免多头执法、政出多门等问题。当前流域水资源监控体系主要针对流域水资源安全和污染防治，监管方式可以分为：司法监管、行政监管和市场监管。根据《中华人民共和国行政诉讼法》以及其他相关法律，法院通过司法程序监督流域行政管理。流域水资源治理法制体系包括：《中华人民共和国水污染防治法》《中华人民共和国水法》《中华人民共和国水土保持法》《中华人民共和国防洪法》等法律；《航道管理条例》《河道管理条例》《水土保持法实施条例》等行政法规和法规性文件；《江苏省太湖水源保护条例》《四川省长江水源涵养保护条例》等地方性法规；《黄河水量调度管理办法》《珠江河口管理办法》等部门规章。行政监管包括：流域行政管理单位对相对人水事活动的行政监督检查、流域行政管理单位对相对人的水事违法活动的行政处罚；流域行政管理单位对相对人采取的强制性或应急性的行政强制。市场监督主要是指通过招标建立的流域水资源监控与保护预警系统等技术监管体系，包括预警与应急、评估方法、监测网络建设、监测数据获取技术等。除了监管和制裁部门及行政区划间的合作，还应引入社会力量，如第三方、环境和生态监理等，丰富监管合作渠道，来补充当前层级监管为主的作用效果。近年来，随着生态文明建设的推进，唯GDP导向的官员激励模式逐渐改变，随着自然资源离任审计、绿色GDP等理念的提出，重塑官员激励结构也是监控合作的内容之一。除了流域水资源治理问责，还应将责任目标纳入考评体系，形成领导工作责任制、目标责任制和责任追究制有机联动的监控合作体系。

第四节　本章小结

我国流域水资源治理"协同—绩效"链，实质上是将流域治理效果置于绩效的语境下，以协同治理为核心内容，探寻如何实现流域有效治理的问题。主要内容包括：

第一，借鉴波特价值链的核心理念，勾勒我国流域水资源治理协同绩效产生过程，尝试回答"什么是我国流域水资源治理协同绩效"（What）。将政府协同治理行为，类比为供应、生产、发运、销售等企业经营活动，流域水资源治理协同绩效即为政府治理过程中所产生的"价值"，在环境推力、内生压力和外部拉力的协同治理动力场中，随着流域水资源治理"协同—绩效"链的延伸而不断"增值"。

第二，流域水资源治理"协同—绩效"链的主体部分——协同治理链，从目标嵌入、组织支撑、机制协调和监控合作四个维度，说明我国流域水资源治理协同绩效的影响因素，刻画我国流域水资源协同治理的现实印象。

第三，挖掘我国流域水资源治理"协同—绩效"链的效应机理（Why），展现我国流域水资源治理协同绩效的实现机制（How）。

本章是全文的理论建构部分，是基于实际情景和已有文献研究的"现实→理论"的阶段，归纳出理论合理性（影响因素）、理论有效性（实现机制）和理论可操作性（实现路径）三个层面的八个待验证的假设，本书实证部分尝试予以验证。

第四章 我国流域水资源治理协同绩效评价

绩效离不开评价。绩效评估早于绩效管理，绩效管理是在对传统绩效评估改进的基础上逐步发展起来的（高小平、陈新明，2014），政府绩效评估已成为公共管理领域符号性很强的政策工具。因此，在绩效的语境下探讨政府流域水资源协同治理的效果，评价是必要环节。

绩效是新公共管理的核心理念之一，政府绩效评估、绩效审计等也是与之相随的制度创新。与公司治理绩效或员工绩效不同，政府治理是公共性的行为，很难按照市场机制的规则进行测算。众多学者已探索出卓有成效的研究成果（高小平等，2011）。在此基础上，本书也尝试提出流域水资源治理协同绩效的评价思路。需要说明的是，绩效作为一个多维概念，本身掺杂着许多主观性的因素，并且绩效测量的对象又是高度复杂化的公共组织和个人，因此，"政府绩效测算难度很大"（吴建南、马亮，2008）。流域水资源治理协同绩效借鉴了波特价值链的思维，可以看作是政府流域水资源治理活动的"增值"。不过，本书的重点是"评价"，而不是像价值分析那样较为精准的"测算"，旨在提供一种程度上的比较标准，为下一章研究做铺垫。

第一节 流域水资源治理协同绩效的评价思路

流域水资源治理协同绩效反映政府流域治理的效果。当前研究中，关于流域治理协同效果，多是针对水资源某些治理目标的统计性或者定性进行描述，如辽河流域管理大部制改革探索"治污效果突出、生态恢复显著"（薛刚凌、邓勇，2012）；构建流域统一管理机构和协调机制"有助于现代化的流域管理"（王秉杰，2013）；"河长制"这种混合型权威依托的协同模式"能够很好地提高协同效率"（任敏，2015）；建立跨区域合作和流域协同机制，科学配置中央与地方水治理职责权限，有助于实现"水环境治理公共利益最大化"（吴舜泽等，2016）；水治理相关部门的协调合作可以促进"流域水环境治理与绿色发展"（高继军等，2017）等。协同绩效是绩效视域下的政府治理行为研究，本书尝试从定量的角度予以表述。

一、政府绩效评估

流域水资源治理协同绩效是借助价值链视角对政府治理行为的"价值分析"。流域水资源治理"协同—绩效"链中，经过目标嵌入、组织支持、机制协调、监控合作等环节，政府治理效果不断"增值"，即协同绩效。不过，价值创造以私人利益最大化为基础，可以运用供给需求变化的市场机制，通过价格来进行衡量和测算，协同绩效描述的是一种政府行为的"增值"。尽管公共选择理论强调了个人理性的作用、新公共管理大量引入企业管理的思维，不过公共性毕竟是政府管理的基本属性，特别是针对流域水资源这种公共物品的治理，很难通过像价格这种明确物化的表现来测算评价协同绩效。此外，组织绩效本身就是难以精确测量的。量子力学的基础理论"不确定性原理"告诉我们，一个微观粒子的某些物理量不可能同时具有确定的数值，也就是说对于任何一个粒子，不可能同时精确测量它的位置和动量，表现在实际测量中就是产生误差。流域水资源是一个跨区域的复杂系统，治理行为涉及众多的部门和利益相关者，协同绩效的评价思路和方法需要理论支撑。

流域水资源治理协同绩效是政府行为的结果，政府绩效评估研究和实践已提供大量可供借鉴的成果。目标责任的绩效评估，核心是构建责任、效率、公正、合法性的目标指标体系，体现价值观、使命、愿景、战略，通过是否能达到目标来评估政府的绩效，如青岛政府绩效评估实践（陈雪莲，2011）。业务效能的绩效评估，核心是围绕具体业务构建体现服务型、效率型政府的效能指标体系，通过业务效能的实践情况来评估政府的绩效，如福建政府绩效评估实践（周志忍，2008）。公民导向的绩效评估，这种模式重点是将公民参与导入绩效评估系统（Stephanie and Holzer，2020），强调公民介入与政府回应性，核心是评估民众的满意度，如杭州政府绩效评估实践（蓝志勇和胡税根，2008）。引入第三方的绩效评估，这种模式主要是评估主体的变化，由政府部门过渡为企业、智库、高校等独立第三方参与，如甘肃政府绩效评估实践（马佳铮、包国宪，2010），关于绩效评估主体转变也有学者认为应充分发挥全国人大常委会的作用（郑方辉和段静，2012）。近年来，有学者将公共价值的理念引入政府绩效评估，提出 PV-GPG 视角下的政府绩效评估（包国宪和张弘，2015）；有学者将战略与公共价值理论相结合，提出战略绩效型政府的绩效评估（赵景华等，2016），评价战略、执行和绩效的整体性和协同性。

结合我国政府绩效评估的理论研究和实践探索可见，政府绩效评估是对政府行为的评价，其思路是：确立政府行为的价值标准，制定指标，如青岛模式的目标责任导向、福建模式的业务综合导向或者是杭州模式的公民满意度导向等（蓝志勇、胡税根，2008）；评价主体的选择，是公共部门自我评价或者是企业、高校等第三方评价等；最后是评估结果的应用，将绩效运用于目标责任体系、官员考核晋升、效能政府建设等领域。可见，评价绩效关键是价值标准、导向的选择。创造公共价值是流域水资源治理协同绩效的价值标准。

二、流域水资源公共价值

公共价值是一个比较抽象的概念，马克·H. 穆尔（Mark·H. Moore）最早提出"公共价值"时也未给出确切定义；Rhodes 和 Wanna（2007）认为实质性界定公共价值的概念是不可能的。公共价值没有一个绝对的标准，是具体情景中的个人期望和感知[①]，表达了民众的主观满足感（何艳玲，2009）。随着社会经济的发展，民众对流域水资源的认识和需求不断变化，陆续赋予新的价值属性，流域水资源公共价值的内涵不断丰富。

原始文明时期，除了饮用水，人们主要是躲避洪水对生命的威胁。进入农业社会，人们对水资源特性、数量、规律的认识不断加深，生产力也不断进步。公元前605年，楚国孙叔敖修建了中国最早的大型引水灌溉工程——期思雩娄灌区。20世纪中期，除了加固江河防堤、修建水利灌溉工程外，发挥供水、防洪、发电、养殖等功能的水库普遍修建。流域水资源的公共价值主要体现在服务经济建设的需要上。随着经济建设的提速，用水量急剧增加，再加上不合理的开发和污水排放失控，出现了水资源短缺、洪涝灾害、水环境污染、水土流失等问题，如长江特大洪涝灾害、松花江水污染事件、太湖蓝藻暴发等水危机频发。水资源安全、水环境保护、水生态建设开始引起人们的重视。价值是政治系统权威性分配所带来的最大效用（戴维·伊斯顿，2012），水资源的价值属性受人们的活动影响。当前，水危机主要是治理危机。可见，对流域水体质量、污染控制、流域生态保护和资源利用的有效治理，成为人们的普遍诉求。我国流域水资源治理的主体是政府，民众、企业或者非营利组织的参与尚在发展中，无论是水资源调配，还是大型水利工程建设征地移民，都是政府主导，流域水资源治理反映出国家权力结构。因此，当前语境下探讨流域水资源治理主要是指政府的治理行为，流域水资源公共价值受政府治理行为影响。如同波特价值链中，价值的评判标准是创造的利润，利润反映于市场价格的高低，价值的测算最终落脚于由市场机制决定的价格；流域水资源治理"协同—绩效"链中，协同绩效的评价标准是创造公共价值，而公共价值的创造受政府治理行为的影响，流域水资源治理协同绩效的评价也理应基于政府治理行为。

---

① Moore M. H. , "Public Value As the Focus of Strategy", *Australian Journal of Public Administration*, Vol. 53, No. 3, 1994, pp. 296–303.

综上所述，政府绩效评估视域下的流域水资源治理协同绩效评价需要确立评价标准，即公共价值的创造；公共价值的内涵受政府流域治理行为影响，而协同绩效本身就是政府协同治理行为的结果。因此，流域水资源治理协同绩效的评价落脚于政府流域水资源治理效果的评价。流域水资源治理效果类似于治理协同绩效评价的代理变量。通过代理变量测度政府治理绩效是研究中较常用的方法（Lyles and Inga，1994；McGuire，2002；陈叶烽等，2010）。所谓代理变量（Proxy Variable）是指，因某种原因无法获取变量的观测值而采用其他变量替代原变量。与暂时代替内生解释变量的工具变量不同，代理变量最终参与模型的解释（董秀良、吴仁水，2008）。按照伍德里奇（2014）提供的标准，代理变量和原有变量之间需要高度相关。当前，"流域管理和行政区域管理相结合"是我国流域管理的体制，"结合"的实质就是协同问题（胡鞍钢、王亚华，2002；周志忍、蒋敏娟，2013），由此可见，流域水资源治理协同是我国流域治理的核心内容，而治理碎片化或者"跨部门、跨区域"的协同失灵是当前水环境、水生态、水安全等流域治理的主要问题（陈瑞莲、任敏，2008；沈大军，2009；王秉杰，2013；左其亭等，2016）。因此，在公民、企业等未广泛参与、产生实质性影响的现实情境下，政府流域水资源治理效果可以看作是政府协同治理的结果；评价流域水资源治理效果即反映流域水资源治理协同绩效的高低，而不再拘泥于字面差异，区分治理效果中哪些是治理协同引起的、哪些是非治理协同引起的，这与当前我国流域水资源治理实践不相符。

第二节　流域水资源治理协同绩效评价模型构建

一、评价标准与方法选择

流域水资源治理协同绩效是政府流域水资源治理的结果、效益，是政府流域治理能力的体现。受经济社会发展和环境变化的影响，我国流域水资源治理目标从重视服务农业、经济功能的水利开发，到重视水量合理分配，运用产权、水价等市场化机制优化水资源利用，再到最严格水资源管理，政府治理行为的重心逐渐转变。2002 年修订的《水法》将"统一管理与分级、分部门管理相结合的制度"改为"流域管理与行政区域管理相结合""流域范围内的区域规划应当服从流域规划"；2011 年中央一号文件首次提出实行最严格的水资源管理制度；国务院 2012 年印发《关于实行最严格水资源管理制度的意见》；"十三五"规划提出"以水定产、以水定城，建设节水型社会"；2016 年习近平总书记在推动长江经济带发展座谈会上强调，"共抓大保护、不搞大开发"。可见，"生态优先、绿色发展"是当前流域水资源治理的最新战略定位。绿色发展是生态文明视域的发展观（卢风，2014）。工业时代强调财富积累的增长至上发展观，导致经济增长逼近甚至超过生态边界（Ecological Boundary Conditions），带来初级品和能源的高消耗。蕾切尔·卡逊（Carson，2019）的《寂静的春天》一书让人们意识到发展对自然环境造成的影响。1972 年，联合国在斯德哥尔摩召开"人类环境大会"；1987 年，联合国提出可持续发展（Sustainable Development）的理念，1992 年可持续发展在联合国环境与发展大会上取得世界性共识。随着绿色经济（Green Economy）、环境效率（Eco-efficiency）等概念涌现，我国也开始摆脱 GDP 崇拜（GDP Fetishism）的发展理念。2007 年党的十七大报告中提到要建设生态文明，2012 年党的十八大报告中正式将生态文明与经济、政治、文化、社会发展并列，2017 年党的十九大报告将生态文明战略定位持续提升，强调低排放、低消耗，实现经济增长与资源消耗、污染排放脱钩（Decoupling），"绿水青山就是金山银山"，绿色发展成为"五大发展理念"之一。当前，我国经济社会发展进入新时代，高速增长转向以效率、和谐、持续为目标的高质量发展。效率是指在投入一定的情况下，得到更大的产出；或者在产出一定的情况下，投入的更少。当然，高质量不是指能源、初级加工品等原料投入以及经济性产出的效率，绿色发展的理念必须贯彻其中。

目前，流域水资源治理效果的评价方法主要有：指标体系法（高媛媛等，2013；吴丹、王亚华，2014；左其亭等，2016）、比值分析法（李世祥等，2008）、随机前沿法（张金灿、仲伟周，2015）、数据包络分析法（李志敏、廖虎昌，2012；孙才志等，2017）。其中，数据包络分析法具有无须事先确定函数关系、非主观赋权以及可分析决策单元无效因素等优点，是评价多投入多产出决策单元效率的有效方法，成为评价生态绩效（韩永辉，2017）、水资源使用绩效（孙才志等，2017）的主流技术工具之一。流域是绿色发展的水文单元，流域水资源治理绩效选择数据包络分析法进行评价，符合当前高质量发展的理念。数据包络分析（Data Envelopment Analysis，DEA）是一种非参数效率评价方法，运用数学规划模型来计算每个决策单元（Decision Making Unit，DMU）和由实践中表现最好的 DMUs 构成的生产前沿面之间的距离，据此计算出每个 DMU 的效率得分。DEA 在水资源研究领域运用广泛，通过运用此分析方法，刘晓平和李磊（2008）计算水资源对一个地区社会经济发展所能提供的支撑力；孙才志等（2010）对"水资源—社会经济可持续发展"进行评价；解伏菊等（2010）构建水资源全要素生产率指数，并用此评估山东省工业水资源效率；廖虎昌和董毅明（2011）测算西部 12 省份的水资源效率。研究中普遍将水资源、劳动力和资本等作为投入的生产要素，将 GDP 等经济性指数作为产出。不过，流域水资源治理过程中，不仅有 GDP 等期望产出，而且有污染等非期望产出。传统的 CCR 或者 BCC 的 DEA 模型，无法测算水资源环境的负面影响。评价流域水资源治理绩效不考虑非期望产出可能导致效率得分的偏差。SBM 模型可以剔除一般径向 DEA 模型中松弛型问题所造成的无效率因素。基于此，有学者运用 SBM-DEA 及相关扩展模型，将工业和生活废水排放量的总和（马海良等，2012）、工业灰水足迹（董路、孙才志等，2014；赵良仕等，2014）、当期工业化学需氧量（买亚宗等，2014）等作为非期望产出测度水资源治理效果。

　　综上所述，流域水资源治理协同绩效评价应基于绿色发展理念，突出绿色效率服务高质量发展。本书在前人研究的基础上，沿用 SBM-DEA 模型，尝试将改进的指标体系运用到流域水资源治理协同绩效中，构建流域水资源治理协同绩效评价模型。

二、模型构建

SBM-DEA 模型与基于径向和角度度量的传统 CCR 或者 BCC 模型不同，把松弛变量（Slack Variable）直接放入目标函数，通过非径向和非角度测量避免其差异带来的偏差。本书沿用 Tone 的 SBM-DEA 模型。

假设有 n 个决策单元 $DUM_j = (j=1, 2, 3, \cdots, n)$，每个决策单元都由 m 个投入、$s_1$ 个期望产出和 s_2 个非期望产出构成，$x_{ij} \in R_+$ $(i=1, 2, \cdots, m; j=1, 2, \cdots, n)$ 表示第 j 个决策单元 DUM_j 的第 i 个投入，$y_{rj} \in R_+ (r=1, 2, \cdots, s; j=1, 2, \cdots, n)$ 表示 DUM_j 的第 s 个产出，其中 $y_{r_0}^b$ 表示该决策单元的非期望产出，第 j_0 个决策单元 DUM_0 的效率评价模型（4-1）如下所示：

$$\rho_0 = \frac{1 - 1/m \sum_{i=1}^{m} s_j^- / x_{i_0}}{1 + \frac{1}{s_1 + s_2}\left(\sum_{r=1}^{s} \frac{s_r^+}{y_{r_0}} + \sum_{r=1}^{s} \frac{s_r^{b+}}{y_{r_0}^b} \right)}$$

$$st. \quad \sum_{j=1}^{n} \mu_j x_j + s^- = \theta x_{j_0}$$

$$\sum_{j=1}^{n} \mu_j y_j + s^{b-} = \theta y_{j_0}^b$$

$$\sum_{j=1}^{n} \mu_j y_j - s^+ = \theta y_{j_0}$$

$$\mu_j \geqslant 0, \ s^- \geqslant 0, \ s^{b-} \geqslant 0, \ s^+ \geqslant 0 \tag{4-1}$$

通过 Charnes-Cooper 转换，将分式规划变成线性规划，见模型（4-2）：

$$1 + \frac{1}{s_1 + s_2}\left(\sum_{r=1}^{s} \frac{s^+}{y_{r_0}} + \sum_{r=1}^{s} \frac{s_r^{b+}}{y_{r_0}^b} \right) = \frac{1}{\varepsilon}$$

$$\varepsilon \cdot s^- = S^-, \quad \varepsilon \cdot s^+ = S^+, \quad \varepsilon \cdot s^{b-} = S^{b-}, \quad \varepsilon \cdot \theta_j = \omega_j,$$

$$\theta_0 = \min\left(\omega - \frac{1}{m} \sum_{i=1}^{m} \frac{S_i^-}{x_{i_0}} \right)$$

$$\text{s. t. } 1 + \frac{1}{s_1 + s_2} \left(\sum_{r=1}^{s} \frac{s_r^+}{y_{r_0}} + \sum_{r=1}^{s} \frac{s_r^{b+}}{y_{r_0}^b} \right)$$

$$\sum_{j=1}^{n} \varepsilon_j x_j + s^- = \theta x_{j_0}$$

$$\sum_{j=1}^{n} \varepsilon_j y_j + s^{b-} = \theta y_{j_0}^b$$

$$\sum_{j=1}^{n} \varepsilon_j y_j - s^+ = \theta y_{j_0} \tag{4-2}$$

第三节　指标体系与变量描述

一、评价指标体系与样本选择

流域水资源治理需贯彻"生态优先，绿色发展"[①] 的理念，流域水资源治理协同绩效评价指标体系也应围绕此展开。绿色发展强调经济系统、社会系统和自然系统间的相互作用和共生性（胡鞍钢、周绍杰，2014），旨在实现经济、社会和环境的可持续发展。流域水资源治理协同绩效的产出应体现在经济、社会、生态环境三个方面。

在以往水资源评价研究中，经济性的期望产出指标普遍选择 GDP 或者基于 GDP 构建与研究主题相关的指数作为输入（刘晓平、李磊，2008；廖虎昌、董毅明，2011；董战峰等，2012；卢曦、许长新，2017）；生态环境层面，相关文献中多以非期望产出指标代表，如工业和生活废水排放量的总和（马海良等，2012；牛彤等，2015；丁绪辉等，2018）、工业灰水足迹（孙才志等，2017；赵良仕等，2014）、当期工业废水中化学需氧量（买亚宗等，2014）等；由于绿色发展成为流域水资源治理的战略选择为时不久，社会发展维度

的考量在研究中比较少，有学者构建社会发展指数（SDI）作为期望产出（孙才志等，2017），这也是本书基于前人研究继续探索的地方。关于投入指标的选取，相关文献的研究中较为统一，多是基于柯布—道格拉斯生产函数（Cobb-Douglas Production Function）的理念，固定规模报酬，将劳动力和投入资本作为输入。指标选取方面包含生活用水（段庆林，2010）、生产用水（解伏菊等，2010；董战峰等，2012）、水足迹（孙才志等，2010；赵良仕等，2014）等水资源使用量；从业人数（董战峰等，2012；孙才志等；2017）等劳动力数量；固定资产投资（王莹，2014；陈磊等，2016）等资本投入。鉴于当前政府在我国流域水资源治理中的主导地位，而财政支出直接影响政府行为，党的十九大报告中也强调财税与全面绩效管理的关系，因此为有效评估我国流域水资源治理协同绩效，本书参考协同度理论，构建流域水资源协同治理的资本投入指标。基于此，本书的指标选取，以水资源使用量、劳动力、流域水利财政支出协同度作为投入变量。以 GDP、社会发展指标作为期望产出；以反映生态环境污染的指标作为非期望产出。需要说明的是，为了更好地体现水资源的特点，指标构建引入水足迹的概念，以水足迹和水污染足迹代表水资源使用量的投入和污染等非期望产出。其中，GDP、劳动力可以查阅统计年鉴等直接获取；水足迹、水污染足迹、流域水利财政支出协同度、社会发展等需要选取指标或计算合成（见表4-1）。

表4-1　流域水资源治理协同绩效评价指标

指标类别	一级指标	二级指标	指标选取说明
输入指标	流域水资源利用量 x_1	流域水足迹（亿立方米）	（赵良仕等，2014）、（孙才志等，2017）等
	劳动力投入 x_2	从业人员数（万人）	（董战峰等，2012）、（孙才志等，2017）等
	流域水资源协同治理的资本投入 x_3	流域水利财政支出协同度	基于2016年政府收支分类科目（功能类），选取农林水支出类水利支出款中行政运行、一般行政管理事务、机关服务、水利执法监督等支出项计算

续表

指标类别	一级指标	二级指标	指标选取说明
期望输出指标	经济发展 y_1	地区生产总值（亿元）	（刘晓平和李磊，2008）、（廖虎昌和董毅明，2011）等
	绿色社会发展 y_2	城镇化率（％） 农村改水率（％） 人均教育经费投入（亿元） 森林覆盖率（％） 地表水体质量（类） 水土流失率（％）	"十三五"规划考核指标、《中国省域生态文明建设评价报告（ECI 2016）》
非期望输出指标	水生态污染 z_2	流域水污染足迹（亿立方米）	（赵良仕等，2014）等

本书选取八条重点江河流域为评价对象。根据水利部、环保部以及国务院出台流域综合规划对象，我国的重要流域主要是指长江流域、黄河流域、珠江流域、淮河流域、海河流域、辽河流域、松花江流域和太湖流域，流域面积超过 462 万平方千米，占全国外流河流域面积的 70%，长江和珠江的年径流量分别达到 9616 亿立方米和 3492 亿立方米，各流域年径流量总和更是超过 1.54 万亿立方米，约占全国年径流量的 60%；行政区划跨 27 个省、自治区和直辖市，地理空间、经济社会发展或者产业结构分布多样，满足代表性和多样性的样本筛选要求。

变量的数据来自长江流域的四川省、重庆市、贵州省、云南省、湖南省、湖北省、江西省、浙江省、江苏省、安徽省、上海市，黄河流域中的青海省、甘肃省、宁夏回族自治区、内蒙古自治区、陕西省、山西省、河南省、山东省，松花江流域和辽河流域中的黑龙江省、吉林省、辽宁省，海河流域的北京市、天津市、河北省，珠江流域的广西壮族自治区、广东省这 27 个省份 2000—2015 年的统计年鉴；太湖流域的苏州市、无锡市、常州市、镇江市、湖州市、嘉兴市、杭州市以及承德市、赤峰市、通辽市、呼伦贝尔市、大同市这 12 个城市 2000—2015 年的统计年鉴；长江、黄河、珠江、淮河、太湖、松花江、辽河、海河这 8 个流域的水资源公报、水文公报或水质公报；2000—2015 年《中国统计年鉴》《中国环境年鉴》《中国水资源公报》《中国财政年鉴》；中国省域生态文明建设评价指标体系数据库；中国经济信息网。对于统计资料中个别缺失的数据，本书借用随机森林模型对数据缺失值进行插补（张雷等，2014）。

二、水足迹的测算

水足迹（Water Footprint，WF）是指在一定的物质生活标准下，生产一定人群消费的产品和服务所需要的水资源数量（Hoekstra and Hung，2005）。水足迹的概念是建立在虚拟水（Virtual Water，VW）的概念之上的，虚拟水是指产品的生产和服务过程中所使用的水（Allan，1998），例如，生产 1 千克玉米需要消耗的水资源是 1222 升（Hoekstra and Chapagain，2007）。消费某产品或服务时所消费的水资源量等于该产品的消费量乘以单位产品中的虚拟水含量。水足迹可以看作是对水资源占用的综合表征，有别于作用有限的传统取水指标（马静等，2005），在流域生态补偿、水资源生态安全、水资源可持续性、水资源使用强度及时空差异变化等领域得到越来越广泛的应用（吴兆丹等，2013）。

水足迹是从人类对水资源和水资源所提供的产品和服务的消费角度，测算人类对水资源的真实需求和实际占用。流域水资源治理本身就是经济系统、社会系统、自然系统相互作用的过程，治理协同绩效可以视为一种公共产品或服务。引入水足迹的概念衡量与水资源概念相关的指标，可以更好地评价流域水资源治理效果。

水足迹的核算较大程度上受到生态足迹模型（Ecological Footprint Model）的启示，基于资源稀缺性并尝试将人类对水资源的占用进行分类，通常分为：实体水和虚拟水或地表水、地下水两个二级账户（马静等，2005；王新华等，2005）；蓝水（储存在河流、湖泊、湿地以及浅层地下水层中的水资源）、绿水（储存在非饱和土壤层中并通过植被蒸散消耗掉的水资源）、灰水（生产时污染的水）三个二级账户或者生活用水、生产用水、生态用水三个二级账户（龙爱华等，2005；孙才志等，2010）。本书探讨流域水资源治理，有明确研究区域的行政边界，可以计算行政单元的区域水足迹，如已有学者测算了西北四省等省域水足迹（龙爱华等，2005），黄河流域（刘秀丽等，2022）、长江流域（卢新海、柯善淦，2016）等流域水足迹。区域水足迹的核算方法可以分为自上而下的综合法和自下而上的成分法两种（马晶、彭建，2013），本书采用前一种方法，水足迹的计算式（4-3）为：

$$
\begin{cases}
WFP = IWFP + EWFP \\
IWFP = AWP + IWW + DWD + EWD - FW_e \\
EWFP = FW_i - FW_{re-export} \\
AWP = \sum P_i \times VWF_i
\end{cases}
\tag{4-3}
$$

式（4-3）中，WFP 表示区域总体水足迹（立方米），是指研究区域所消耗的水资源总量（立方米）。IWFP 表示区域内部水足迹（立方米），是指区域内部用于生产当地居民消费的商品和服务所消耗的水资源总量；EWFP 表示区域外部水足迹（立方米），是指本地消费的那部分进口虚拟水数量。AWP 表示区域内农业生产用水量（立方米），包括农作物产品生产用水量（立方米）和动物产品生产用水量（立方米）两部分；IWW 表示区域内的工业生产用水量（立方米）；DWD 表示区域内居民日常生活用水量（立方米）；EWD 表示区域内生态环境用水量（立方米）；FW_e 为区域出口的虚拟水量（立方米）；FW_i 为区域从其他区域进口的虚拟水总量（立方米）；$FW_{re-export}$ 为区域从其他区域进口再出口的虚拟水总量（立方米）。其中进出口虚拟水量由各地区进出口总额乘以地区平均万元国内生产总值用水量计算，地区进出口总额单位通过中国历年人民币市场汇率由万美元换算为万元。由于统计指标缺乏，本书忽略了进口再出口的虚拟水量的计算。农业生产用水量采用自下而上的成分法，即式（4-3）中，P_i 为农产品产量；VWF_i 为单位农产品虚拟水含量。农作物产品分为粮食、棉花、油料、甘蔗、水果、蔬菜、茶叶七大类，动物产品分为猪肉、牛肉、羊肉、禽肉、禽蛋、牛奶、水产品七大类，单位农产品虚拟水含量参考马静等（2005）、Hoekstra 和 Chapagain（2007）的研究成果（见表4-2）。

表4-2　农作物产品和动物产品的单位产品虚拟水含量①

单位：立方米/千克

农作物产品	虚拟水含量	动物产品	虚拟水含量
粮食	0.880	猪肉	2.210
棉花	4.400	牛肉	12.560
油料	3.967	羊肉	5.200
甘蔗	0.270	禽肉	3.110
水果	0.820	禽蛋	3.550
蔬菜	0.110	牛奶	2.200
茶叶	13.170	水产品	5.000

Hoekstra 和 Chapagain（2007）提出灰水足迹（Grey Water Footprint）的概念。基于此，本书的非期望产出指标流域水污染足迹，指将流域产品和服务所排放污染物稀释至特定水质标准之上所需的流域水资源量。水污染的成因众多，有学者将工业废水中的化学需氧量和氨氮作为非期望产出（孙才志等，2010；买亚宗等，2014），本书主要计算这两者的水污染足迹。需要说明的是，不直接用工业废水中的化学需氧量和氨氮作为指标，是因为并不绝对苛求各地务必大量消减化学需氧量和氨氮的排放，而是以水体质量的变化为依据，如未引起水体质量恶化，则继续排放就为合理诉求。水污染足迹的计算公式（4-4）是：

$$PWF = \max\left(\frac{P_c}{NY_c}, \ \frac{P_n}{NY_n}\right) \tag{4-4}$$

其中，P_c 和 P_n 分别代表工业废水中的化学需氧量和氨氮的排放量；NY_c 和 NY_n 分别代表水体的平均承载力。工业废水中的化学需氧量和氨氮的平均承载力采用《污水综合排放标准》（GB8979-1996）中的二级排放标准，工业废水中的化学需氧量和氨氮的达标浓度分别是 120mg/L 和 25mg/L。

① 数据参考李宁、张建清、王磊：《基于水足迹法的长江中游城市群水资源利用与经济协调发展脱钩分析》，《中国人口资源与环境》2017年第11期；马静、汪党献、来海亮、王茵：《中国区域水足迹的估算》，《资源科学》2005年第9期。

此外，水足迹作为维持人类产品和服务消费所需要的真实水资源数量的综合表征，常被学者用来分析水资源使用情况（吴兆丹等，2013；李宁等，2017），为更好反映流域水资源利用情况，本书计算与水足迹相关的统计量（王新华等，2005；耿勇和张攀，2007），以便于分析。

人均水足迹（WFP$_{av}$）是指区域的总体水足迹（WFP）与区域总人口数（TP）的比值，描述区域平均人口对水足迹的占用情况，计算模型（4-5）为：

$$WFP_{av} = \frac{WFP}{TP} \tag{4-5}$$

水资源利用效率（WUE）是指区域地区生产总值（GDP）与区域总体水足迹的比值，衡量的是区域所消耗的单位水资源量所产生的经济效益，计算模型（4-6）为：

$$WUE = \frac{GDP}{WFP} \tag{4-6}$$

经过测算，流域水资源治理协同绩效的输入指标水足迹、非期望输出指标污水足迹以及基于两者计算的相关统计指标结果如表4-3和图4-1所示：

表4-3　八大流域水足迹和污水足迹测算结果　　　单位：立方米

	平均水足迹	人均水足迹	每万元水足迹	水污染足迹	人均水污染足迹	每万元水污染足迹
海河	792.0594843	863.174972	45.1106019	87.3714	932.3690675	521.68853
辽河	516.6422234	583.575764	24.7068432	80.5128	733.4999	200.9012
长江	4741.001897	893.375574	31.4086574	495.676	932.844096	378.53256
黄河	2647.369865	665.240729	35.5830858	274.758	677.0795332	440.89845
松花江	544.4282456	622.383834	16.4712345	53.6752	488.99994	133.9341
淮河	1424.819895	592.212621	44.5712344	147.516	598.6695353	540.18733
珠江	1732.326105	413.169573	29.6997683	181.145	417.030995	369.18487
太湖	651.9189708	1059.79433	47.0726919	71.4663	1138.913292	545.9913

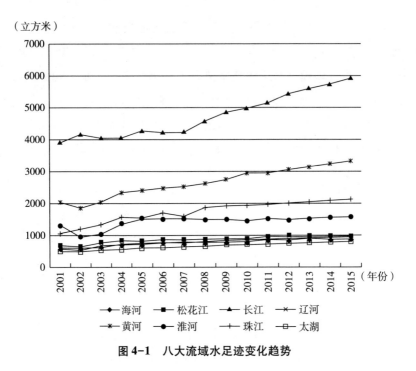

图4-1 八大流域水足迹变化趋势

三、绿色社会发展指数

基于SBM-DEA模型的流域水资源治理协同绩效评价，考虑流域治理中的社会发展因素。本书借鉴《中国省域生态文明建设评价报告（ECI 2016）》，选取反映"十三五"规划要求、能够对流域绿色发展进行评价和分析的指标体系（2000—2015年），基于中国省域生态文明建设评价指标体系数据库构建绿色社会发展指数（Green Society Development Index，GSDI）作为衡量社会发展内容的标准，其指标如表4-4所示。

二级指标数据来自国家统计局《中国统计年鉴》、水利部《中国水资源质量年报》以及卫生部统计，定义和计算公式具体如下：

城镇化率：该省行政区划范围内城镇人口数量占该省行政区划内人口总量的比例。是"十三五"规划考核指标"城镇化率达到60%"的相关指标。计算公式：城镇化率＝该省行政区划范围内城镇人口数量÷该省行政区划

表4-4　绿色社会发展指数的指标体系

目标层	一级指标	二级指标	指标性质
绿色社会 发展指数（GSDI）	城市发展水平 A_1	城镇化率	正指标
	农村发展水平 A_2	农村改水率	正指标
	教育发展水平 A_3	人均教育经费投入	正指标
	生态活力 A_4	森林覆盖率	正指标
	环境质量 A_5	地表水体质量	正指标
	流域安全 A_6	水土流失率	负指标

内人口总量×100%。

人均教育经费投入：指本年度该省行政区划范围内人均教育经费投入量。是"十三五"规划"社会建设明显加强"这一经济社会目标承诺要求范围内的考察指标。计算公式：人均教育经费投入=本年度该省行政区划范围内教育经费投入÷本年度末该省总人口数量×100%。

农村改水率：指该省行政区划范围内使用自来水的农村人口占该省行政区划农村总人口的比例。是"十三五"规划"城乡居民收入普遍较快增加"这一经济社会目标承诺要求范围内的考察指标。计算公式：农村改水率=该省行政区划范围内使用自来水的农村人口数量÷该省行政区划范围内的农村人口总数量×100%。

森林覆盖率：指该省行政区划范围内的森林面积占该省行政区划面积的比例。是"十三五"规划"积极应对全球气候变化"这一政策承诺要求范围内的考察指标。计算公式：森林覆盖率=该省行政区划范围内的森林面积÷该省行政区划面积×100%。

水土流失率：指本年度该省行政区划范围内水土流失的面积占该省行政区划面积的比例。是"十三五"规划"加大环境保护力度""加强生态保护和防灾减灾体系建设"政策承诺要求范围内的考察指标。计算公式：水土流失率=该省行政区划范围内水土流失面积÷该省行政区划面积×100%。

地表水体质量：由于没有公布各省整体的地表水体质量数据，因此采纳了替代指标，指该省行政区划范围内水质优于Ⅲ类水的河流长度占该省区内河流总长度的比例。是"十三五"规划"加大环境保护力度"这一政策承诺要求范围内的考察指标。计算公式：地表水体质量=该省行政区划范围内水质优于Ⅲ类水的河流长度÷该省行政区划范围内河流总长度×100%。

本书把绿色社会发展指数作为期望产出，其计算公式（4-7）如下：

$$G = \frac{1}{n} \sum A_{ij} \tag{4-7}$$

其中，A_{ij} 为某年区域系统评价指标原始数据的归一化值，n 为指标的数量，G 为某年的区域系统绿色社会发展指数。G 值越大，社会发展越好，反之越差。

上述所构建的社会维度评价指标中，A_1、A_2、A_3、A_4、A_5 这些指标的合理增加有利于社会的进步和发展。本书将其列为正指标；A_6 情况越合理，社会发展能力越强，本书将其列为负指标。正指标和负指标的归一化模型（4-8）如下：

正指标归一化方法：

$$A'_{ij} = \frac{A_{ij}}{Max\ (A_i)} \times 100\%$$

负指标归一化方法：

$$A'_{ij} = \frac{Min\ (A_i)}{A_{ij}} \times 100\% \tag{4-8}$$

四、流域水利财政支出协同度

政府是流域水资源协同治理的主体，财政支出反映政府行为的力度和方向，"政府绩效与预算支出如同一枚硬币的两个方面"（高小平和杜洪涛，2016）。因此，评估流域水资源治理协同绩效，必须考虑相关的财政支出。根据 2016 年政府功能类收支分类科目表，查找农林水支出类的水利支出款，包括行政运行、水利工程建设、水利推广、大中型水库移民后期扶持专项支出、信息管理、农村人畜饮水等 27 个项，从中选取出与政府流域协同治理相关性较高的行政运行、一般行政管理事务、机关服务、水利执法监督 4 个支出项。

有学者从系统论的角度，借助协同学理论研究流域协同治理等跨域公共事务治理问题（曹堂哲，2015；王俊敏、沈菊琴，2016）。基于此，流域水资源治理协同绩效的投入输入指标，可借助协同学理论中评测系统间各子系统协同程度的协同度指标（孟庆松、韩文秀，2000；李晓钟、王莹，2015），予以测算。将流域视为一个系统，流经各省为子系统 S_i（$i=1, 2$）；流域水利财政支出序参量变量 $e_i = (e_{i1}, \cdots, e_{ik})$，其中 $k=1, 2, 3, 4$，$a_{ij} \leqslant e_{ij} \leqslant b_{ij}$，$1 \leqslant j \leqslant k$；$a_{ij}$、$b_{ij}$ 分别是指标的最大值和最小值，则子系统 S_i 序参量 e_{ij} 的有序度公式（4-9）为：

$$U_i(e_{ij}) = \begin{cases} \dfrac{e_{ij}-a_{ij}}{b_{ij}-a_{ij}} \\[2mm] \dfrac{a_{ij}-e_{ij}}{b_{ij}-a_{ij}} \end{cases} \tag{4-9}$$

由公式（4-7）可知，$0 \leqslant U_i(e_{ij}) \leqslant 1$；序参量 e_i 对整个流域水资源治理协同绩效的贡献可以通过 $U_i(e_{ij})$ 的集成来实现，研究中常用的集成方法主要是几何平均法（黄传荣、陈丽珍，2017）和线性加权法（孟庆松、韩文秀，2000），即公式（4-10）和公式（4-11）：

$$U_i(e_i) = n\sqrt{\prod_{j=1}^{n} U_i(e_{ij})} \tag{4-10}$$

$$U_i(e_i) = \sum_{j=1}^{n} \omega_j U_i(e_{ij}) \left(\sum_{j=1}^{n} \omega_j = 1\right) \tag{4-11}$$

本书采用集合平均法进行集成，因此，两个子系统间协同度的计算公式（4-12）为：

$$SD = \sqrt{\left|\left[U_1^1(e_1)-U_1^0(e_1)\right]\left[U_2^1(e_2)-U_2^0(e_2)\right]\right|} \tag{4-12}$$

由公式（4-12）可知，$0 \leqslant SD \leqslant 1$，定量的描述子系统间流域水利财政支出的协同程度，越接近 1 表示协同度越高。计算可得流域水利财政支出协同度的相关系数矩阵：

$$R = (SD_{ij})_{n \times m} = \begin{pmatrix} 1 & \cdots & SD_{1m} \\ \vdots & \ddots & \vdots \\ SD_{n1} & \cdots & 1 \end{pmatrix}$$

矩阵无法直接运用于 SBM-DEA 模型，可通过谱分解（Spectral Decomposition）的矩阵运算，提取主要信息贡献量，获得流域水资源治理资本投入指标的年度时序数据。谱分解是将矩阵分解为由其特征值和特征向量表示的矩阵之积的方法。每个正定对称矩阵都会提供信息，将所提供的全部信息通过正交化空间旋转就可以进行信息细分，谱分解后的特征向量代表信息所在方向，每个特征向量对应的特征值代表此方向信息量的多少。记 A 为 N×N 的正定对称方阵，进行谱分解可得：

$$A = Q \Lambda Q^{-1}$$

其中，Q 为特征向量矩阵，Λ 为 N 阶对角矩阵，其对角线元素 λ_{ii}（i =1，2，…，N）为相应的特征值。对相关系数矩阵 R 进行谱分解，将其特征值从大到小依次排列（$\lambda_{11} > \lambda_{22} > \cdots > \lambda_{kk} > \cdots > \lambda_{NN}$），依照公式（4-13）求取：

$$K = \left\{ K : \frac{\sum_{K=1}^{K} \lambda_{kk}}{\sum_{i=1}^{N} \lambda_{ii}} \geqslant 0.75 \right\} \tag{4-13}$$

然后，令 $\lambda_k = \sum_{i=1}^{min(K)} \lambda_{ii}$ 作为矩阵所提供的信息代表值，即流域水利财政支出协同度的年度时序数据。

综上所述，流域水资源治理协同绩效的测度包括投入和产出（期望/非期望）指标，流域水资源治理协同绩效的准确度和合理性直接取决于所选取的投入指标、期望产出指标和非期望产出指标。

第四节　我国流域水资源治理协同绩效的评价结果与分析

根据 SBM-DEA 模型和选取的投入、产出指标，运用 MaxDEA6.0 软件进行操作，得到八大流域水资源治理协同绩效指数，结果如表 4-5 所示。

表 4-5 八大流域水资源治理协同绩效指数年度变化表

流域 / 年份	长江	黄河	淮河	珠江	辽河	海河	太湖	松花江
2001	0.587	0.534	0.467	0.537	0.513	0.343	0.561	0.513
2002	0.593	0.582	0.497	0.588	0.525	0.357	0.603	0.525
2003	0.649	0.550	0.571	0.672	0.500	0.441	0.624	0.502
2004	0.652	0.575	0.626	0.664	0.598	0.463	0.679	0.538
2005	0.669	0.582	0.552	0.723	0.612	0.480	0.676	0.602
2006	0.708	0.604	0.659	0.685	0.604	0.472	0.726	0.614
2007	0.694	0.627	0.639	0.776	0.623	0.488	0.723	0.621
2008	0.741	0.556	0.641	0.773	0.626	0.493	0.773	0.636
2009	0.729	0.605	0.621	0.811	0.629	0.476	0.784	0.629
2010	0.756	0.605	0.653	0.819	0.628	0.500	0.801	0.626
2011	0.763	0.631	0.699	0.837	0.632	0.502	0.821	0.642
2012	0.779	0.623	0.674	0.849	0.633	0.538	0.840	0.633
2013	0.791	0.654	0.663	0.851	0.627	0.538	0.863	0.643
2014	0.802	0.688	0.658	0.856	0.625	0.526	0.878	0.623
2015	0.796	0.690	0.655	0.867	0.637	0.540	0.860	0.637

为了更直观地观察各流域水资源治理协同绩效的总体情况与变化趋势，绘制八大流域水资源治理协同绩效变动趋势图，如图 4-2 所示。

通过图 4-2 可以看出，我国八大流域水资源治理协同绩效总体呈逐年上升趋势，这与我国强调"创新、协调、绿色、开放、共享"理念，推动生态文明建设，实施最严格水资源管理制度等举措相关。具体到各流域，珠江流域和太湖流域水资源治理协同绩效增长较快，年平均增长率分别达到 3.48% 和 3.09%；松花江流域和辽河流域水资源治理协同绩效增长相对较慢，分别为 1.56% 和 1.42%；黄河流域水资源治理协同绩效变化总体较为平稳。

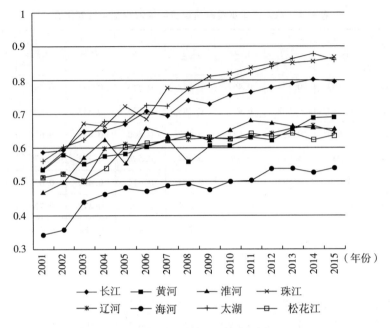

图 4-2 八大流域水资源治理协同绩效变动趋势

流域水资源治理协同绩效一定程度上反映了法律法规、政策文件等目标层面因素的影响。2002 年、2011 年以后,各流域治理协同绩效有一个较为明显的跃升,这与《水法》的修订、中央一号文件《中共中央 国务院关于加快水利改革发展的决定》、国务院颁布的《国务院关于实行最严格水资源管理制度的意见》等水资源治理顶层设计、管理体制变革和重大制度设计的出台时间基本吻合,表明"水资源流域管理与区域管理相结合,监督管理与具体管理相分离"的管理体制和用水总量控制、用水效率控制、水功能区限制纳入、最严格水资源管理责任与考核的制度体系以及水资源开发利用、用水效率和水功能区限制纳入的红线控制对流域水资源治理效果起到重要的正向作用。具体到各流域,受 2007 年太湖水藻事件影响,太湖流域治理协同绩效较往年有所下降,不过随着"河长制"、国务院批复《太湖流域综合规划(2012~2030 年)》以及配套政策措施的出台,太湖流域治理协同绩效总体仍呈上升态势。2013 年,国务院先后批复各流域的综合规划,对治理协同绩效起到支撑作用。

成立相关组织机构促进了部门间和地区间的治理协同，在流域水治理协同绩效指数上有所体现。松花江流域，2005—2010 年，松花江流域爆发了影响百万群众的松花江污染事件，万元工业增加值用水量、万元 GDP 废水排放量均有所增加，流域治理协同绩效呈波动趋势。2010 年初，辽宁省委省政府为实现综合、全面管理辽河流域，决定设立辽河保护区，并沿着省、市、县的行政链条，成立辽河保护区管理局和凌河保护区管理局，整合水利、环保、海洋渔业、林业、交通、国土资源和农业七个部门的相关职能，"划区设局"改善了各部门"九龙治水"的现状，2014 年将辽河保护区管理局和凌河保护区管理局合并。地方政府这种"跨部门、跨地区"的流域管理模式探索，得到了环保部等部委的肯定和支持。辽河流域水环境质量也得到相应提升，2012 年底辽河流域 43 条支流的工业废水的化学需氧量全部符合 V 类水质标准，其中 36 个干流断面达到或者好于 IV 类水质标准。反映到流域水资源治理协同绩效指标中，辽河流域治理协同绩效年平均增长率从 2005 年的 1.96% 上升到 2010 年的 2.11%。松花江和辽河流域同处东北地区，归松辽水利委员会管辖，其驻地为长春市，两流域管理幅度差异不大；东北地区的经济发展、工业结构、生态环境与其他流域相比异质性较弱，流域规划等政策效力同质性较强，两流域的流域水资源治理绩效变化趋势类似。2010 年后，辽河流域辽河保护区管理局、大凌河保护区管理局相继成立，辽宁省流域管理与区域管理相结合的探索步伐加快，2010—2015 年，辽河流域治理协同绩效的年均增长率高于松花江流域。

决策、沟通和协调机制，可能有助于取得较高的流域水资源治理协同绩效。相比其他流域，珠江流域治理协同绩效水平较高。20 世纪 90 年代，珠江流域北盘江污染事件频发，并蔓延到下游红水河，严重影响了生产生活用水安全。珠江水利委员会以及珠江流域水资源保护局重点整治省际边界河流的水资源保护与水污染防治工作，建立黔桂协同机制，成立负责协商决策的协调小组；下设负责日常信息、资料处理与工作沟通的协调小组办公室；以及建立例会、专题通报、重大事件报告等信息共享制度，促进地区和部门间的沟通交流、信息共享。2010 年，贵州和广西签订《都柳江跨黔、桂省（区）界断面水质联合采样监测方案》①。黔桂处于珠江流域上游，其水质将直接影响珠江流域的整体水资源环境和质量。通过指标测度，珠江流域水资源治理协同绩效年平均增长率较其他流域都高，2010—2015 年平均增长率较以往要高，与期间密集出台流域协同治理机制的时间相重合。

监控合作是流域水资源治理协同的重要环节，治理协同绩效指数高的流域各治理主体之间往往存在监控协同机制。太湖流域与区域一体化程度较高的长三角地区有重合，而且太湖位于苏南地区，水资源治理协同是重要议题，特别是 2007 年太湖蓝藻事件爆发以后，江苏、浙江等地更加重视流域水资源监控合作，建立联合应急监测机制，实现环境应急监测数据共享，并根据需要进行联合监测，同步取样、同步分析；建立联合防控机制，发生污染事故后，双方要控制或减少本辖区相关企业有关污染物的排放量；联合监测跨界水体质量。2008 年，国家发改委牵头建立太湖流域水环境综合治理省部际联席会议，就联合执法、监督合作、监察信息共享等议题开设专题分会。观测可得，流域水资源治理协同绩效持续增加，2008—2015 年均增长率达到 1.43%，较其他流域增值为高。

通过对比观察可得，八大流域水资源治理协同绩效水平可以分为三个层级：珠江流域、太湖流域、长江流域水资源治理协同绩效水平属于较高层级；黄河流域、淮河流域、松花江流域和辽河流域水资源治理协同绩效水平属于中等层级；而海河流域水资源治理协同绩效水平属于较低层级。具体如表 4-6 和图 4-3 所示：

表 4-6　八大流域水资源治理协同绩效排序

流域水资源治理协同绩效水平的层级	流域名称	协同绩效均值（2001—2015 年）	协同绩效年均增长率
较高层级	珠江流域	0.753	3.48%
	太湖流域	0.747	3.09%
	长江流域	0.714	2.20%

① 参见：http：//news. gxnews. com. cn/staticpages/20101117/newgx4ce3cde2-3410819. shtml。

续表

流域水资源治理协同绩效水平的层级	流域名称	协同绩效均值（2001—2015 年）	协同绩效年均增长率
中等层级	松花江流域	0.624	1.56%
	黄河流域	0.618	1.84%
	辽河流域	0.603	1.67%
	淮河流域	0.599	2.45%
较低层级	海河流域	0.477	2.29%

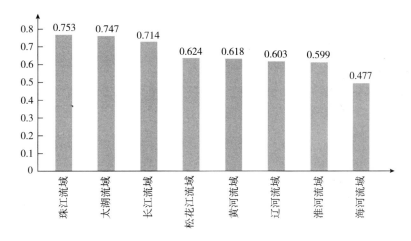

图 4-3　2001—2015 年八大流域水资源治理协同绩效均值排序

第五节　本章小结

　　本部分通过我国流域水资源治理协同绩效指标的选取与构建，利用八条重点流域数据，进行了测度和结构性分析，通过特征性量化描述，为我国流域水资源协同治理效果提供了一个较为直观的现实印象：

　　第一，基于习近平生态文明思想和绿色发展理念，构建我国流域水资源治理协同绩效评价指标。流域水资源治理"协同—绩效"链的终端是创造公共价值，因此将流域水资源公共价值的三维属性：经济价值、社会价值和生态价值，作为一级指标，基于已有文献和"十三五"规划考核指标，并引入水资源研究领域较前沿的水足迹理论，选取包含流域水足迹、流域财政支出协同度等二级指标构建评价指标体系。流域水资源治理效果类似于协同绩效评价的代理变量。通过代理变量测度政府绩效是研究中较常用的方法（Lyles and Inga，1994；McGuire，2002；陈叶烽等，2010）。为更好地贯彻"生态优先，绿色发展"流域治理思想，本书选取可以测度期望和非期望输出的 SBM-DEA 模型，以体现效率、公平和可持续性；由于我国流域水资源治理的核心即协同治理，治理输出的流域水资源经济、社会和生态价值，能够反映流域水资源协同治理的效果。

第二，根据 2001—2015 年我国八条重点流域的相关数据，运用 SBM-DEA 模型进行流域水资源治理协同绩效评价。

第三，通过对比观察发现，八大流域水资源治理协同绩效大致可以分为三个层级：较好的珠江流域（0.753）、太湖流域（0.747）、长江流域（0.714）等南方水系；中间层级的黄河流域（0.618）、淮河流域（0.599）、辽河流域（0.603）和松花江流域（0.624）等北方水系；尚待改善的流经人口密集京津冀地区的海河流域（0.477）。本部分为结果变量的数据校准提供支持，接下来的实证研究将继续挖掘数据统计所呈现结果背后的逻辑。

第五章 我国流域水资源治理协同绩效实现机制的量化分析
——组态视角和 fsQCA 方法

流域水资源治理协同绩效的实现机制是当前流域治理研究关注的焦点问题（周志忍、徐艳晴，2014），第三章围绕我国流域水资源治理"协同—绩效"链的有效性（影响因素）、合理性（效应机理）和可操作性（路径选择）三个维度做出八个假设，本章试图验证，从而揭示我国流域水资源治理协同绩效的实现机制。

社会科学中，现象的诱因多样且相互依赖非独立，需要采用"组合"或"整体"的方式（Ragin，2008a）。流域是一个复杂系统，政府流域水资源治理中，很难在控制其他因素的前提下，通过寻找相互独立、单向线性关系而且因果对称的治理协同变量，运用回归等理性范式（Rationalistic Paradigm）的统计技术，分析变量对治理协同绩效的边际净效应，从而得到显著性的影响因素来解释实现机制。统计抽样和变量分析虽然能够识别潜在的重要变量，不过其"严谨性的优势同时也埋下了应用上的劣势"（Ragin，2008）。因此，案例等定性研究（王勇，2010；申剑敏，2013；任敏，2015；Robin et al.，2017；Avoyan et al.，2017）是流域水资源协同治理研究中较为常见的分析方法。不过，传统案例研究主要基于单案例或少数案例及其情景的特定知识来发展理论（Eisenhardt，1989），较难处理多案例数，结论不太适合推广，因此经常被致力于在比较方法上发展通用理论的学者批评（Lacey and Fiss，2009；Ragin，2014）。而且，传统的定性描述治理协同效果和实现路径之间的关系，在"小样本—多变量"的情形下很难揭示其影响因素间相互依赖等复杂的因果性。Ragin（2000）提出的定性比较分析方法（Qualitative Comparative Analysis，QCA），将每个案例视为条件变量的"组态"（Configurations）①，通过案例导向（Case-oriented）的比较分析，找出条件组态与结果间的因果关系（Rihoux and Ragin，2009），能够回答诸如哪些组态可以实现高治理协同绩效，而哪些组态导致其无法实现等问题。

QCA 不同于传统回归聚焦于分析单个变量的"净效应"（Rihoux and Ragin，2009），而是从整体视角解释"组态效应"（杜运周、贾良定，2017），整合定性分析和定量分析各自的优势（Marx et al.，2014），适合社会科学领域小样本（15 个案例之下）的量化分析（Berg-Schlosser and Meur，2009；Crilly and Aguilera，2017）。近年来，国内在企业管理（王凤彬等，2014；程聪、贾良定，2016）、国际政治（唐睿、唐世平，2013）等领域开始运用 QCA 进行研究，公共治理领域的应用较为少见。本章拟采用 QCA 方法，分析我国流域水资源治理协同绩效的实现机制，探寻治理协同绩效的提升路径。

第一节 研究方法的原理、假设与适配性

一、整体论与组态

20 世纪初，系统科学出现，整体论开始取代还原论逐渐成为西方科学研究的主导范式（李曙华，2006）。1987 年，社会学学者 Ragin 基于整体论的认知，将案例视为由条件和结果组成的整体，提出 QCA 的方法分析其间

① Configurations 一词，也有学者翻译为构型（王节祥，2016）、集合关系（毛湛文，2016），本书采用杜运周和贾良定（2017）的译法。

的复杂因果关系。早期的 QCA 主要用于社会学、政治学领域，随着 csQCA（清晰集定性比较分析）、mvQCA（多值集定性比较分析）以及 fsQCA（模糊集定性比较分析）等方法的不断创新，QCA 开始成为企业战略管理、市场营销、信息系统等领域研究因果关系复杂性的重要选择（Fiss，2007，2011；Misangyi and Acharya，2014）。环境、成员、文化、战略、技术、主义、结果以及其维度都以完形（Gestalts）或者原型（Archetypes）的形式聚合，即组态（Meyer et al.，1993）。QCA 借鉴案例导向的组态比较分析技术（Configurational Comparative Analysis，CCA）。组态是指特征上具有共发性和可区分性的多维度特征群（Meyer et al.，1993）。组态分析继承了系统论中组织是复杂系统（Boulding，1956）的思想，认为组织不是单个或者简单结合的实体，而是结构和实践彼此联系的集群（Fiss，2007），孤立地分析个体或者组成部分不能推断结果（Simon，1996）。制度逻辑（Thornton，2002）、战略群组（Ferguson and Ketchen，1999；Fiss，2011）等领域已普遍采用组态视角分析问题。尤其是环境、战略制定与管理绩效（Dess et al.，1997），新企业内外社会资本与治理绩效（Stam and Elfring，2008）等研究，对我国流域水资源治理协同绩效采用组态视角分析有很强的借鉴意义。

实际组态研究中，存在理论与方法不适配的问题（杜运周、贾良定，2017）。判别、方差、因子、聚类等分析方法（Fiss，2007；Short et al.，2008）无法处理组态的多维性、因果非对称性以及条件原因交互性（Fiss，2007），QCA 的运用可以较好地处理此类问题（Rihoux and Ragin，2009；Fiss，2011）。

二、QCA 原理、多重并发因果性与基本分析过程

QCA 方法有别于回归分析等统计技术，是一种集合分析方法。回归技术适配于经济学中的边际分析，认为边际成本等于边际收益时，系统将达到牛顿物理学中的"均衡"状态，即帕累托最优，而忽视了组织属性（自变量）间的依赖关系。QCA 认为变量对结果的影响并不是独立的，而是与

其他变量组合在一起发挥的作用。因此，QCA 方法的核心就是组态化研究案例的条件（Conditions）或属性（Attributes）（Ragin，2000a，2008），使用集合理论（如 csQCA 中运用布尔代数）将其概念化为集合（Sets），通过分析集合探寻条件原因和结果之间的关系（Ragin，2000a，2008；Misangyi and Acharya，2014）。可见，QCA 是一种集合研究。社会科学普遍用语言表达，因此形式上可以转化为集合间的关系（Ragin，2008）。集合研究针对因果关系型或整体关系型语言表述的案例，通过选择校准（Calibration）案例间的类别（Kind）和程度（Degree）的标准，将原因条件和结果刻画为案例的集合隶属（Set Memebership），再通过分析彼此间的必要性和充分性，最终达到反映复杂因果关系的目的（Ragin，2008）。必要性分析是指判断条件组合（X）是否是结果（Y）的必要条件，这需要从结果出发检验共有给定结果的案例是否一致地共享了特定的前因条件组合，即评估结果是否是条件或条件组合的一个子集（X≤Y）；充分性分析是指，从条件出发检验条件组合的案例是否一致地展现了共同的结果，也即评估条件或条件组合是否构成结果的一个子集（X≤Y）（杜运周、贾良定，2017）。

QCA 方法发展了新的因果概念，提出适合分析集合间复杂因果关系的"多重并发因果性"（Rihoux and Ragin，2009）。多重并发因果性（Multiple Conjunctural Causation）是指不同的因果"路径"（每条路径相关但又相互区别）都可能引发相同的结果（Berg-Schlosser and De Meur，2009）。"多重"是指路径的数量，而"并发"则意味着每条路径都是由不同条件的组合所构成的。具体地，包含以下三种含义：

第一，并发因果关系（Conjunctural Causation）。不同于多元回归分析中原因条件（自变量）是独立的，单个自变量在不同案例间对结果都具有相同的边际递增效应（Schneider and Wagemann，2012），即体现于变量的估计系数，并发因果关系是指多个相关条件的组合引起结果，如 $X * Y \to A$，"*"表示布尔"逻辑与"。第二，等效性（Equifinality），是指多个不同的条件组合可能产生同样的结果，可能不存在多元回归分析中达到均衡的唯一路径解，如 $X * Y + W * Z \to A$，"+"表示布尔"逻辑或"。第三，非对称性（Asymmetry），是指不同情境下，当特定结果出现时，某个条件可能出现也可能不出现。比如，存在机制协调会使流域水资源治理出现高协同绩效，不存在机制协调并不一定使低协同绩效出现。如 X＊Y＊W→A，同样也可能是 x＊Y＊W→A。在这个例子中，［X］与［Y］组合会使结果 A 出现，缺少 X 的［x］与［W］条件组合也能够使结果 A 出现，这是与多元回归分析中因果对称性不同。因此，还可以运用集合分析的布尔最小化进行简化，如式（5-1）所示。条件原因 X、Y、W 存在或者条件原因 X 不存在与条件原因 Y、W 存在导致结果 A 出现，可以通过布尔最小化为条件原因 Y、W 存在，导致结果 A 出现。Y 和 W 是结果 A 的必要条件。

$$X＊Y＊W+x＊Y＊W→A \tag{5-1}$$

$$Y＊W→A$$

QCA 的基本分析过程与集合分析相仿，一是归纳或演绎可用于案例分析的条件变量，类似于回归分析中自变量的概念，不过揭示的是变量间的组态效应而不是独立效应。二是通过赋值校准，把变量概念化为集合。校准需要根据理论和实践经验，设定完全隶属（Full Membership）、交叉点（Crose Over Point）、完全不隶属（Full Nonmembership）三个临界。

三、研究方法的适配性

本章研究拟采用 QCA 方法进行分析，由于流域治理领域较少运用，对方法的适配性（Suitability）作以说明。

组态视角的研究有利于揭示流域水资源治理中的因果复杂性，集合思维较多元回归等理性范式更适合我国流域水资源治理"协同—绩效"链的分析。管理学中普遍存在原因条件相互影响共同产生效应的现象（Miller，1996）。传统理性范式将研究实体（Reality）分割为变量，并假设变量独立起作用（Guba and Lincoln，1982），其逻辑基础是稳定有序、线性均衡的还原论（Reductionism）认知。多元回归模型中，自变量的独立净效应受其他变量影响。以流域水资源治理"协同—绩效"链为例，"目标—组织—机制—监控"的政府治理行为影响协同绩效的产生，如果选择刻画这几个维度的变量之间高度相关，那么回归时自变量间的净效应会因多重共线性的问题而大大抵消；而流域水资源治理实践中，对治理协同绩效影响的自变量间经常相关且非重叠的效应可能较少，传统变量分析方法容易模糊变量的选择（Ragin，2008）。整体论（Holism）视域下的流域是不稳定、无序、非均衡、动态的系统，产生治理协同绩效的政府行为间也是相互作用而非彼此独立，高治理协同绩效的取得是由多个并发的政府行为导致的，它们构成多个等效路径，并不一定是均衡或者唯一的。组态效应可能更符合流域水资源治理的实际情况。强调多重并发因果性、等效性和非对称性的QCA正是这种组态视角和集合思维的分析方法。

QCA方法可以整合案例研究与传统变量分析的优势。传统变量分析的假设容易模糊流域水资源治理的整体性，而且较难揭示政府治理行为间的复杂性与并发因果性。因此，关注整体性和独特性的案例研究是流域治理领域较常见的研究方法。不过，传统案例研究较难处理多个案例，结论推广性常被质疑。QCA方法具有某种程度的"思想实验"的属性（Ragin，2008；Fiss，2011），通过布尔代数和一定的理论推论，能够处理有限多样性以及非实际观察案例推断等问题。简单的定性描述如果不结合因果分析，不容易诠释或者生成概念、模式。比如，成立"跨流域、跨部门"的组织支撑有助于提升流域治理协同绩效。不过，是否可以说明组织支撑总在高协同绩效的流域治理中出现，或者说不成立组织支撑，高治理协同绩效就无法产生（即"跨流域、跨部门"的组织支撑是提升流域治理协同绩效的必要条件），还是高治理协同绩效虽然总在存在组织支撑时产生，不过也可以在其他条件下如存在组织性机制协调时获得（即"跨区域、跨部门"的组织支撑是提升流域治理协同绩效的充分条件），单个或少数几个案例描述很难说明，这也就限制了实现机制或者提升路径的进一步挖掘。QCA通过将案例整体视为条件变量的组态，结合案例研究和变量分析的优势，能够更好地揭示条件原因和结果间复杂的因果关系。此外，QCA方法提供了案例研究的新思路。传统案例研究，需要搜集正向结果的案例和负向结果的案例，以满足抽样的理论性饱和（Theoretical Saturation）。而 QCA 的非对称假设指出，正向结果和负向结果的原因可以是不一样的，如目标嵌入是高治理协同绩效的原因，并不能推论低目标嵌入就一定导致低治理协同绩效，目标嵌入在某一组态中是条件原因，在其他组态中可能不起作用，期望结果的原因需分别分析，而且 QCA 具有可以聚焦正向结果案例分析的优势。

综上所述，流域水资源治理研究中，统计抽样和变量研究的回归分析在揭示条件原因的复杂性因果关系、刻画相互独立作用的政府治理行为等方面使用难度较高；而传统案例研究也受多案例数和推广性等问题局限。QCA 方法基于整体分析和案例集合比较，能够揭示影响结果的条件变量间的组态效应，发掘多重组合路径，切合我国流域治理差异化的现实要求。目前，QCA 方法主要有 csQCA、mvQCA、fsQCA、TQCA（时序性定性比较分析）等。csQCA 对样本组态的赋值按照布尔代数的语言，以 0 和 1 二分集合的隶属关系进行赋值：0 表示完全不隶属、1 表示完全隶属；mvQCA 需设立多值的阈值，是一种三分类或四分类等定序分割；fsQCA 则是对清晰集的发展，[0] 表示不隶属，[1] 表示完全隶属，对条件变量在 [0，1] 间赋任何值表示校准集合的部分隶属程度。流域水资源治理协同绩效研究中，允许部分隶属关系的变量赋值，保留了分析因果复杂性的子集关系核心内容（Ragin，2000），故本书选择 fsQCA 方法。

第二节　研究设计

一、样本筛选

样本是 QCA 研究的基础。样本选择一般需要满足案例总体的充分同质性、最大异质性和理论支撑等条件。可以接受小数量的案例导向的 QCA 方法，与变量导向的大样本统计研究一个重要区别在于，案例选择本身是一个由潜在研究问题以及由此形成的初步假设所指导的过程，对案例种类和数量的选择也需要考虑实际研究情况（杜运周、贾良定，2017）。

我国流域水资源治理实践中，流域管理机构在"所辖流域内行使水行政管理权"，发挥"跨部门、跨区域"的协调作用，是政府流域水资源治理协同的组织载体（沈大军等，2009；张伟国，2013），是样本筛选的重要标准之一。当前，我国流域管理机构是指水利部派出的长江、黄河、淮河、珠江、太湖、海河、松辽这七个水利委员会或流域管理局，覆盖中国八大江河，因此，本书选择长江、黄河、淮河、珠江、太湖、海河、松花江和辽河流域作为研究样本。

二、变量设置

变量设置是根据理论和研究问题，将案例概念化分析的过程，是 QCA 研究的对象。类似于多元回归分析，QCA 从案例中提取条件变量（类似于自变量）和结果变量（类似于因变量）。由于本书的主要理论分析框架为流域水资源治理"协同—绩效"链，故变量设置主要围绕该理论框架的研究和验证展开。结果变量即流域水资源治理协同绩效，设置为 P。小样本 QCA 研究条件变量一般设置 4~7 个（Rihoux and Ragin，2009）。基于此，本书的条件变量设置如下：

流域水资源治理协同目标嵌入效力变量 X。目标嵌入是流域水资源治理协同的"纵向嵌入式治理"行为，嵌入方式包括颁布法律法规、行政命令、批复战略规划等（邢华，2014，2015）。目标嵌入的效应机理是整合部门、地区间的价值碎片，激活部门及地区间的横向协同联动。因此，针对流域间的对比分析，目标嵌入的政策效力除了中央层面的法律规章外，还应包括地方层面的行政法规，以更精细地刻画目标嵌入的治理协同行为。因此，目标嵌入（X）进一步细化为：流域水资源治理协同的中央目标嵌入效力（x_1）和流域水资源治理协同的地方目标嵌入效力（x_2）。

流域水资源治理协同组织支撑能力变量 Y。组织支撑旨在为流域水资源协同治理搭建权威、共识流动的"骨架"，结构上表现为成立"跨部门、跨区域"的各级流域管理机构，是流域与行政区域相结合的水资源治理协同理念的组织外现。因此，本书认为组织支撑能力（Y）是影响流域水资源治理协同绩效的重要变量。

流域水资源治理协同机制协调协力变量 Z。机制协调是激发目标嵌入和组织支撑发挥效能的协同手段，旨在促进流域和行政区域更好地结合管理。基于流域水资源治理"协同—绩效"链，机制协调可以分为：增强跨部门、跨区域沟通交流，依托行政权威的组织性机制协调；促进地区间合作、借助市场化力量的经济性机制协调。因此，机制协调（Z）进一步细化为：流域水资源治理组织性机制协调协力（z_1）和流域水资源治理经济性机制协调协力（z_2）。

流域水资源治理协同监控合作并力变量 W。监控合作是流域水资源治理协同的控制环节，通过监督、评估以及重大水事件的应急处理等活动中的统筹联动，促进流域治理中诸如规划、配置、调度等全局性工作的开展，监督省界水量、水质，调解区域水事纠纷等。具体如表 5-1 所示。

表 5-1　流域水资源治理协同的变量设置

变量类型	结果变量	条件变量				
变量名称	流域水资源治理协同绩效	目标嵌入效力（X）		组织支撑能力	机制协调协力（Z）		监控合作并力
		中央	地方		组织性	经济性	
变量标识	P	x_1	x_2	Y	z_1	z_2	W

第三节　变量赋值与校准

变量赋值是将案例语言转化为数据语言的过程，是量化研究的必要条件。QCA 的编码需要整体性反映定量数据（Schneider and Wagemann，2012）。针对流域水资源治理"协同—绩效"链的变量设定，本书主要借鉴核心文献的测度方法，将变量量化。变量的赋值是通过基于理论的案例分析，将案例语言概念化为结果变量和条件变量，并予以数据化。不过，所赋值的原始数据仅能表明案例之间的相对位置，还需根据相关标准将其调整为集合语言，即模糊值，使结果可解释。这种将结果变量和条件变量的原始数据标准化为模糊值的过程，就是变量的校准。变量校准需根据设定的锚点（Anchor）校准隶属分数（Ragin，2000），连续型变量利用专门的软件进行校准。[①] 模糊集（Fuzzy sets）分析集合隶属的组态，最大的特点是反映集合分数的渐进变化（Gradations），即允许部分隶属。本书使用"当研究者对于案例信息掌握较多，但案例之间的性质存在差异时"适合选取的四值模糊集（Rihoux and Ragin，2009）："1"代表"完全隶属"、"0.67"代表"偏隶属"、"0.33"代表"偏不隶属"、"0"代表"完全不隶属"。通过模糊集将原始数据重新转变为 0 ~ 1 之间的集合隶属分数（Membership Scores）。本书参考 Fiss（2011）、（杜运周等，2020）的研究，结合基于案例的统计性描述确定校准的临界（伯努瓦·里豪克斯和查尔斯·拉金，2017），将流域水资源治理协同绩效（P）、中央目标嵌入效力（x_1）、地方目标嵌入效力（x_2）、组织支撑能力（Y）、组织性机制协调协力（z_1）、经济性机制协调协力（z_2）、监控合作并力（W）的原始数据校准为四值模糊集矩阵数据，并将数据表导入 fsQCA3.0 软件进行运算，最终形成真值表，fsQCA 数据分析本质上就是进行模糊集真值表的分析，这一步通过软件（fsQCA3.0）完成程序分析，具体数据处理过程如下：

一、目标嵌入效力

政策法规是目标嵌入传递权威、形成共识的载体，目标嵌入效力可以表现为流域水资源协同治理政策的实施力度及其影响力，即政策效力（王

---

① 一般运用 fsQCA2.0 或者 fsQCA3.0 软件。

春福，2006；陈建斌，2006），本书借用政策效力的测度方法量化目标嵌入效力。

　　当前，政策效力研究多是聚焦中央、国务院以及相关部委下达的某类政策效力，如环境保护政策（李伟伟，2017）、居民生活节能引导政策（芈凌云、杨洁，2017）等，评测维度主要有政策力度、政策措施、政策目标、政策反馈等（彭纪生等，2008），评估方法主要是 5 级打分法（张国兴等，2014；纪陈飞、吴群，2015）。本书从政策力度、政策目标和政策措施三个维度，综合借鉴已有研究的评估方法及评分设置（彭纪生等，2008；张国兴等，2014），在精细研读所搜集政策文本的基础上，对流域水资源治理协同的目标嵌入效力进行量化。具体地，政策力度根据政策类型和发文机构级别，参照国务院《规章制定程序条例》①，进行 1~5 的分数赋值；政策目标根据政策文本中措辞力度和可度量程度，进行 1~5 的分数赋值；政策措施根据政策文本中措施描述清晰度，进行 1~5 的分数赋值。具体标准如表 5-2 所示。

表 5-2　政策效力的评分标准

维度	分值	赋值标准
政策力度（P）（中央）	5	全国人大以及常务委员会颁布的法律
	4	国务院颁布的条例、指令、命令；各部委的命令
	3	国务院颁布的暂行条例、规定、方案、决定、意见、办法、标准；各部委颁布的条例、规定、决定
	2	各部委颁布的意见、办法、方案、指南、暂行规定、细则、条件、标准
	1	通知、公告、规划
政策力度（P）（地方）	5	地方行政法规
	3	地方规范性文件、工作文件
	1	行政许可批复

---

① 参见：http://www.gov.cn/gongbao/content/2002/conten_ 61556.htm。

维度	分值	赋值标准
政策目标（G）	5	政策目标清晰明确且可测量；"明确""严禁""必须"
	4	政策目标比较清晰明确且可测量；"不得低于""严格使用"
	3	目标比较清晰但无测量标准；"不低于""充分利用等"
	2	目标清晰度一般；"在前提下""亦可""完善"
	1	表述政策的愿景和期望；"可根据""加强"
政策措施（M）	5	包括具体措施、严格标准以及相应的说明
	4	包括具体措施和严格标准
	3	较具体措施和大致执行内容
	2	基础性政策措施
	1	政策执行的宏观表述、愿景和期望

根据政策法规类别、层级和文本内容设置评估维度和分值后，依托课题组①邀请的 9 位研究流域治理领域的专家学者分成 3 组对政策进行同步打分，在打分过程中，同一项政策文件可能同时涉及多种政策工具的运用，则根据量化标准对其分别打分。第一轮打分完成后将结果进行对比，出现分歧时大家共同协商确定，最终完成对各个政策文件的打分。根据政策测量标准以及打分结果，得到各条政策在政策力度、政策目标和政策措施三个维度上的分值。运用模型（5-2）计算，得到流域的政策效力值。

$$TP = \sum PP_i \times (PG_i + PM_i) \qquad (5-2)$$

其中，i 表示流域的 i 政策；PP_i 表示 i 政策的政策力度得分，$PP_i \in [1, 5]$；PG_i 表示该政策的政策目标得分，$PG_i \in [1, 5]$；PM_i 表示该政策的政策措施得分，$PM_i \in [1, 5]$；TP 表示流域的政策效力整体情况。需要说明的是，某项政策只要没有废止就将影响流域的治理协同，因此，实际发挥作用的是政策存量的概念。

流域水资源治理协同的政策法规，可分为对各流域同等效力的政策体系与各流域专属效力的政策体系。全国人大以及常务委员会颁布的《中华

---

① 国家社科基金重大项目"基于总量与强度双控的水资源治理转型与市场化机制研究"（项目批准号：15ZDC033）课题组。

人民共和国水法》《中华人民共和国防洪法》《中华人民共和国水污染防治法》《中华人民共和国水土保持法》4 部法律，国务院常委会通过的《农田水利条例》《关于加强蓄滞洪区建设与管理的若干意见》《蓄滞洪区运用补偿暂行办法》《中华人民共和国水污染防治法实施细则》等 18 部行政法规和法规性文件，国务院组成部门及直属机构颁布的《水权交易管理暂行办法》《水行政许可听证规定》《入河排污口监督管理办法》《水利部关于现行有效规章和规范性文件目录的公告》等 61 部部门规章对各流域水资源治理协同具有同等政策效力。通过万方数据库、中国知网数据库、北大法宝、国务院及组成部门网站、各省水行政部门网站等，搜集标题包括"某流域""某江河湖泊"的政策法规，并予以筛选。具体情况如下：

长江流域包括《长江河道采砂管理条例》《国务院关于长江流域综合利用规划简要报告的审查意见》等中央行政法规 4 部，《国家林业局关于加强长江流域等重点地区防护林体系工程建设和管理工作的若干意见》等国务院部门规章 22 部，法规类别涉及水利、环境保护、卫生、农业等 7 类。其中，涉及渔业和林业的政策法规最多，农业类的紧随其后，这三项政策类型占比超过 60%，而环境保护仅占 4%，水利建设也只有 8%。可见，长江流域服务第一产业的比重较大，水利基础建设需要进一步加强，政策占比与近年来形势严峻的长江水环境和水生态[1]不符，需加快推进。政策发布日期从 1990 年一直到统计截止日期的 2017 年，从时间趋势看，近几年针对长江流域的政策法规逐步增多，2017 年最多达到 8 部，可见伴随长江经济带上升为国家战略，长江流域的政策力度开始迅速加大。地方性法规 21 部，其中地方规范性文件 10 部、地方工作文件 10 部、行政许可批复 1 部；涉及环境保护、财政、安全管理、工业等 11 个方面，与中央层面出台的政策相比，内容更加细化；环境保护方面法规包括环保综合规定 4 部、污染防治 3 部、自然保护 1 部，出台省份主要有江苏、湖北等中、下游省份，这与中下游流域污染程度较上游更大的现状相符；出台年份从 2006 年开始逐渐增多，2016 年最多达到 8 部，具体如图 5-1~图 5-4 所示。

---

[1] 参见：http://env.people.com.cn/nl/2017/1222/ciolo-2972433.html。

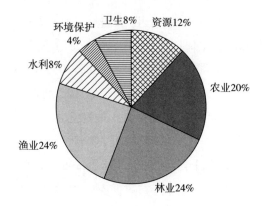

图 5-1 长江流域中央目标嵌入领域统计

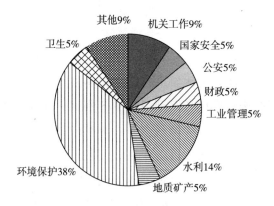

图 5-2 长江流域地方目标嵌入领域统计

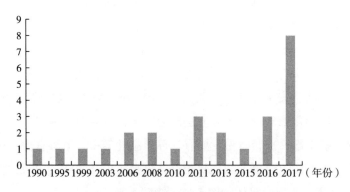

图 5-3 长江流域中央目标嵌入时序统计

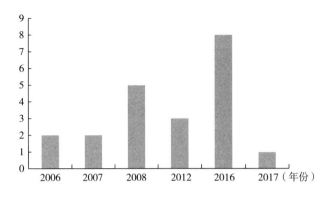

图 5-4　长江流域地方目标嵌入时序统计

黄河流域包括《黄河水量调度条例》《国务院关于黄河流域防洪规划的批复》中央行政法规 2 部，《黄河河口管理办法》《建设部办公厅关于开展黄河流域城镇污水处理工程建设"十一五"规划编制工作的通知》《黄河下游浮桥建设管理办法》等国务院部门规章 8 部，内容涉及水利、农业、渔业、环境保护等 7 类，出台时间为 2006—2016 年，政策分布均匀。地方出台的政策，法规 1 部、规范性文件 6 部、工作文件 12 部、行政许可批复 1 部；内容涉及水利、资源、机关工作等 7 个方面，其中水利 4 部，主要有淤地坝安全度汛、跨市界断面水质考核等，相较于长江流域，黄河流域的水利建设政策体现水文条件特质；出台日期为 1996—2015 年，政策分布均匀，如图 5-5、图 5-6 所示。

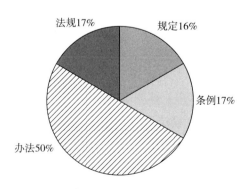

图 5-5　黄河流域中央目标嵌入类型统计

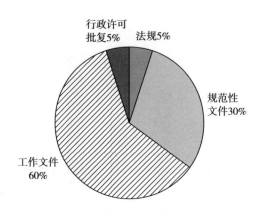

图 5-6 黄河流域地方目标嵌入类型统计

淮河流域包括国务院发布的诸如《淮河流域水污染防治暂行条例（2011 修订）》等 5 部、国务院各机构发布的诸如《国务院办公厅关于加强淮河流域水污染防治工作的通知》等 17 部中央层面的政策法规，时间跨度为 1995—2017 年，内容涉及环境保护、资源、水利等 7 个方面。其中，环境保护的政策文件占比 50%，包括环境监测 2 部和污染防治 9 部，这与淮河流域水环境和水生态的严峻形势有关；水利建设占比 23%，涉及水利综合规定、水利措施、防汛抗旱等方面，凸显淮河水利建设特点。地方性政策法规 72 部，其中法规 4 部、规范性文件 14 部、工作文件 41 部、行政许可批复 13 部；发文日期为 1993—2016 年，2006 年开始增多，其中 2006—2008 年最为集中，共计 38 部；涉及内容同样以环境保护和水利建设为主，分别占比 47% 和 32%，与中央政策协同性较强；值得注意的是，2007 年江苏省经济贸易委员会印发关于《淮河流域工业废水治理国债项目竣工验收办法》（试行）的通知，除行政性、经济性手段外，淮河流域水资源治理尝试市场化探索，具体如图 5-7~图 5-10 所示。

珠江流域中央层面的政策法规包括《国务院关于珠江流域综合规划的批复》等 3 部规范性文件，《珠江河口管理办法》《国家林业局关于编制珠江流域防护林体系建设三期工程规划有关问题的通知》等 6 部部委规章，内容主要涉及渔业、林业、水利等，发文日期为 1993—2014 年。地方层面

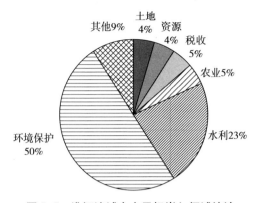

图 5-7　淮河流域中央目标嵌入领域统计

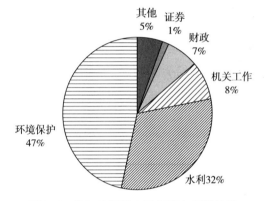

图 5-8　淮河流域地方目标嵌入领域统计

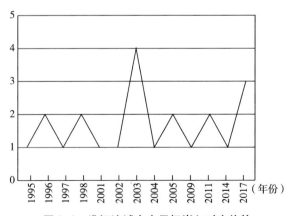

图 5-9　淮河流域中央目标嵌入时序趋势

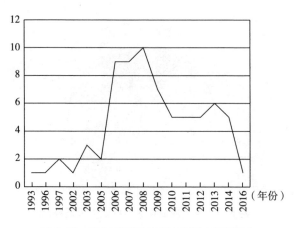

图 5-10　淮河流域地方目标嵌入时序趋势

的政策法规 9 部，内容涉及环境保护、林业、渔业、水资源 4 个方面，发文日期为 2002—2016 年，政策分布均匀。

太湖流域中央层面的政策法规包括《太湖流域管理条例》行政法规 1 部、《国务院关于太湖流域防洪规划的批复》等规范性文件 2 部、国务院部门规章 9 部。其中，涉及污染防治、环境标准等环境保护内容的 6 部，防汛抗旱等水利内容的 4 部，水资源内容的 5 部，可见太湖流域功能定位较为聚焦。政策发布时间为 1994—2013 年，分布均匀。需要指出，2011 年国务院第 169 次常委会通过的《太湖流域管理条例》，是我国第一部国家层面流域综合管理和保护的行政法规，标志着太湖流域引用水源安全、排污总量控制、生态补偿机制等流域水资源治理协同的内容纳入法治化进程。地方层面的政策法规包括《江苏省政府办公厅关于印发江苏省太湖流域水环境综合治理省级专项资金和项目管理办法的通知》等地方性法规文件 19 部、《浙江省人民政府办公厅关于印发〈浙江省太湖流域水环境综合治理 2014 年工作任务书〉的通知》等地方性工作文件 32 部、《江苏省政府关于江苏省太湖流域水生态环境功能区划（试行）的批复》等行政许可批复 3 部，政策内容涵盖环境保护、水利、林业、水资源等 10 个方面。政策发布时间为 2004—2017年，2007—2010 年最为集中，占总发文数的近 60%，受太湖蓝藻暴发事件影响，2008 年共计发文 17 部，为历年最高，如图 5-11、图 5-12 所示。

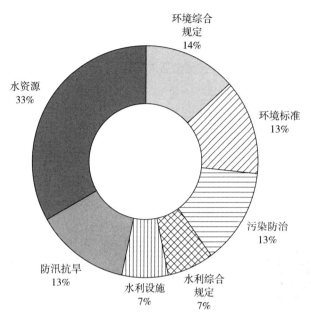

图 5-11　太湖流域中央目标嵌入领域分布

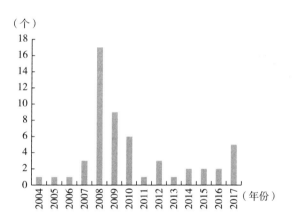

图 5-12　太湖流域地方目标嵌入时序占比

海河流域中央层面的政策法规有《海河独流减河永定新河河口管理办法》《国务院办公厅关于批准海河流域水污染防治规划的通知》《国家环境保护总局办公厅关于印发〈海河流域水污染防治"十五"计划实施意见〉的函》等8部，内容主要涉及环境保护、水利建设和水资源规划3个方面，其中1993—

1999 年发文 3 部，2002—2013 年发文 5 部。地方层面的政策法规有《山东省人民政府关于同意山东省辖淮河海河流域水污染防治"十五"实施计划的批复》等地方性规范文件 2 部、《河南省人民政府办公厅关于印发河南省辖海河流域水污染综合整治方案（2014—2015 年）的通知》等地方工作文件 10 部，内容主要涉及环境保护、水利等两个方面，其中环境保护占比接近 80%，相较其他流域占比最高。据环保部 2016 年全国地表水环境状况质量显示，海河流域是七大流域中仅有的重度污染流域。① 可见，海河流域水污染防治工作严峻，除发布政策法规外，还应配合其他协同治理措施，如图 5-13、图 5-14 所示。

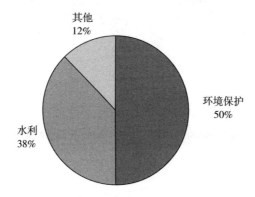

图 5-13　海河流域中央目标嵌入内容占比

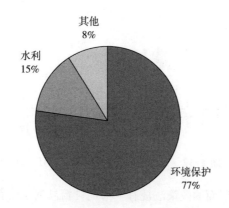

图 5-14　太湖流域地方目标嵌入内容占比

---

① 参见：http://tech.163.com/16/0718/00/BS7FVHBP00097U82.html。

辽河流域中央层面的政策法规有《国家环保局、财政部、国家经贸委关于印发〈关于辽河流域水污染防治项目排污费贴息的规定〉的通知》等部门规范性文件 7 部、部门工作文件 1 部，其中涉及环境保护内容的 5 部，水利内容的 2 部，水资源、水价、财政等内容各 1 部，发文年份为 1996—2013 年，政策发布时间分布均匀。地方层面的政策法规有地方性法规 5 部、地方政府规章 1 部、地方规范性文件 3 部、地方工作文件 6 部，内容主要涉及环境保护、水利、财政等方面，其中针对环境保护的法规最为集中，辽宁、吉林、内蒙古等省均专门出台政策，诸如《内蒙古自治区境内西辽河流域水污染防治条例》《吉林省东辽河流域水污染防治办法》《辽宁省人民政府关于严厉打击破坏辽河流域环境资源违法犯罪活动的通告》等，环境保护类法规占比达到 80%，占比较海河流域略低，而辽河流域地表水环境质量也是中度污染①，远差于其他五大流域，政策发文时间为 1997—2013 年，时间分布较均匀。

松花江流域中央层面的政策法规有《松花江流域综合规划（2012—2030）》等 6 部，发文时间为 2006—2013 年，政策出台频率平稳，内容主要涉及环境保护、水利、财政等方面。地方层面的政策法规有《黑龙江省松花江流域水污染防治条例（2015 修正）》等地方性法规 3 部、《黑龙江省财政厅印发〈黑龙江省利用亚行贷款松花江流域水污染治理项目会计核算办法〉的通知》等地方规范性文件 7 部、《齐齐哈尔市人民政府办公厅关于印发齐齐哈尔市松花江流域水污染防治规划项目 2011—2015 年度推进工作实施方案的通知》等地方工作文件 19 部，内容主要有环境保护、水利、财政等方面，发文数量自 2006 年松花江重大水污染事件后大幅增加，如图 5-15 所示。

综上所述，共整理长江、黄河、淮河、太湖、海河、珠江、辽河、松花江八大流域 326 份政策文本，其中中央层面政策法规 94 部、地方层面政策法规 232 部。如图 5-16 所示，具体到各流域，国务院针对长江、淮河流域出台文件较多，分别是 26 部和 22 部，地方政策法规针对淮河、太湖流域

---

① 参见：https://www.h2o-china.com/news/243119.html。

出台的文件较多，分别是 72 部和 54 部，淮河的中央和地方政策出台数量一致性较高，长江流域一致性较低。

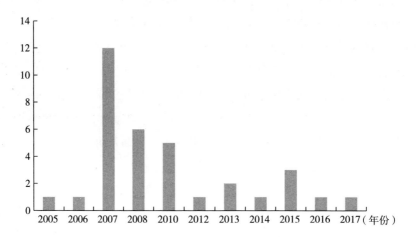

图 5-15　松花江流域地方目标嵌入时序分布

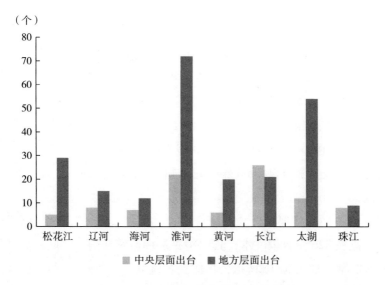

图 5-16　流域目标嵌入强度对比统计

政策文本内容主要聚焦环境保护和水利两个方面，国务院出台环境保护和水利的政策法规分别是 31 部和 21 部，占比达到 32.9% 和 22.3%；地方出台的环境保护和水利方面的地方性规章文件分别是 129 部和 45 部，占比达到 55.6% 和 19.4%，反映了我国在流域水资源治理方面污染防治和使用开发并重、水环境和生态建设主导地位凸显的趋势。具体到各流域，中央级别的环境保护类政策法规中，松花江和辽河流域占比最高，超过 60%，海河、淮河、太湖流域接近 50%，长江、珠江流域占比较低，为 10% 左右。地方层级的环境保护类政策法规中，松花江、辽河、海河流域占比最高，均超过 80%，与中央政策同步性较强，地方环保压力较大，黄河、长江、珠江流域的占比不到松花江、辽河、海河流域的一半；水利类政策法规中，淮河流域占比最高，超过 30%，农业水价综合改革试点区淮河流域较多，灌区管涌、散漏、渗漏、垮塌改建等投入较大。见图 5-16。

根据政策效力的评分标准、计算公式以及打分流程，松花江、辽河、海河、淮河、黄河、长江、太湖、珠江流域的政策效力，流域水资源治理协同的中央目标嵌入效力（x_1）和流域水资源治理协同的地方目标嵌入效力（x_2）如表 5-3 所示。

表 5-3　流域水资源治理协同目标嵌入效力值

效力＼流域	松花江流域	辽河流域	海河流域	淮河流域	黄河流域	长江流域	太湖流域	珠江流域
x_1	17	27	28	34	29	63	35	27
x_2	74	50	26	157	48	51	124	19

二、组织支撑能力

近年来《水法》几次修订，流域水资源从 1988 年"实行统一管理与分级、分部门管理相结合"到 2002 年"流域管理与行政管理相结合"，再到 2016 年"建设水工程，必须符合流域综合规划；未取得有关流域管理机构签署的符合流域综合规划要求的规划同意书的，建设单位不得开工建设"，流域管理机构的重要性愈加凸显。因此，组织支撑的主体是流域管理机构，此外地方设立的"跨区域、跨部门"、发挥流域管理功能的组织也应囊括在内，如辽宁省辽河大凌河保护区管理局、广东省西江流域管理局等。

组织结构是组织发挥效能的先决条件（周雪光，2005），组织支撑是流域水资源治理协同行为的结构性外现，可见组织结构是衡量组织支撑的重要方面。政府组织结构的核心问题聚焦在组织规模、管理层级和管理幅度（魏礼群，2017）上，因此组织支撑（Y）的赋值应从这几个方面展开。当前，水利部长江水利委员会、太湖流域管理局等流域管理机构均是国务院水行政主管部门的派出机构，是促进流域与行政区域管理相结合的重要组织载体，派出机构是政府通过派出的方式将流域水资源利用监管、污染控制、水质量监察、生态保护等国务院水行政主管部门的单向职能延伸到驻派地，实现职能的同时避免行政层级增加，派出机构或代表是上级政府治理地方事务的重要手段（董娟，2008）。流域管理机构也有派出机构，同样是其职能和治理协同效能向地方的延伸；行政权力是我国流域管理中最突出、最广泛、最经常的权力（张伟国，2013），行政权力划分行政级别，行政级别是行政权力的外现，决定政府组织的规模和管理层级。基于此，结合组织支撑促进流域与行政区域相结合的效应机理，流域层面以流域管理机构在流域各行政区划的派出机构数量代表管理幅度，这是流域管理组织支撑力的表现；由于地方水行政主管部门有自身的垂直管理体系，行政区域层面则以"跨区域、跨部门"性质体现流域综合管理理念的机构数量代表行政区域管理组织支撑力，这些机构与管辖流域沿岸地市水行政主管部门协同治理流域水资源，以所属行政级别代表组织规模和管理层级。我国行政级别分为国家级、省部级、司厅局级、县处级、乡镇科级五级，由于流域管理机构为国务院或者省水行政主管部门的派出机构，故其级别不会超过省部级，而科级单位多为流域水资源治理行政末梢，发挥专属执行职能，非协调机构，根据流域治理实际情况取副部、厅局、副厅局、正处等四级。采用德尔菲法（Delphi Method），依托课题组①邀请 20 名专家，每位专家独立地在取值咨询表上对行政级别赋予 10 分到 1 分不等的分值，测算所有专家对每个级别赋值的平均值（四舍五入取整），最终确定四个级别的相应分数是"8""7""6""3"，由此给组织支撑赋值，赋值模型（5-3）如下：

$$TO_i = \sum_{j, k=1}^{N} (OR_{ij} \times OC_{ij} + OR_{ik} \times OL_{mk}) \qquad (5-3)$$

其中，TO_i 表示 i 流域组织支撑能力值；OR_{ij} 表示 i 流域第 j 个流域管理机构行政级别的分值，$OR \in [1, 5]$；OC_{ij} 表示 i 流域第 j 个管理机构及其地方派出机构的数量；OR_{ik} 表示 i 流域第 j 个流域管理机构行政级别的分值；OL_{mk} 表示 m 行政区划第 k 个"跨区域、跨部门"性质的流域管理机构数量；N 表示流域管理机构的个数。各流域情况如下：

黄河流域，水利部黄河水利委员会（简称黄委）是其流域管理机构，行政级别为副部级。黄委在地方的派出机构有山东黄河河务局、河南黄河河务局、黄河上中游管理局、黑河流域管理局、山西黄河河务局、陕西黄河河务局 6 个正厅级机构，负责黄河该省段的"治理开发与治理工作"，是发挥黄委在行政区域内水行政管理工作的组织载体。行政区域层面，陕西省渭河综合治理办公室是省水利厅直属正处级机构，负责渭河流域治理工作；山西省汾河上游水生态环境管理站是省水利厅直属正处级机构，"负责实施汾河上游边山治理、生态修复、水土保持、污染查找及防治等工程建设任务，着力改善整个汾河流域生态环境和水质"；山东省小清河管理局是省水利厅直属正处级机构，负责"组织实施对小清河流域管理，承办小清河管理委员会的日常工作"。

长江流域，水利部长江水利委员会是其流域管理机构，行政级别为副部级，由承担流域水行政管理职能的 16 个机关内设机构和 1 个单列机构、承担基础事业职能的 14 个事业单位、承担勘测设计为主体的技术服务职能的 4 家企业组成。其中，承担水资源保护职能的单列机构长江流域水资源保

① 国家社科基金重大项目"基于总量与强度双控的水资源治理转型与市场化机制研究"（项目批准号：15ZDC033）课题组。

护局，有 2 个派出机构——长江流域水资源保护局上海局和长江流域水资源保护局丹江口局，行政级别是正处级。行政区域层面，湖北省水利厅直属汉江河道管理局，为正处级机构，"协调汉江、东荆河沿岸 9 市、县的防洪抢险及日常维护工作"；湖南省水利厅内设机构省洞庭湖水利工程管理局，为副厅级机构，职能包括"协调与其他行政管理部门的洞庭湖利用与保护工作""协同洞庭湖区基层水管单位管理与改革和水利经济工作"；江西省水利厅直属潦河工程管理局，为正处级机构，职能包括"协调与渝水区、仙女湖区、高新技术开发区、樟树市、新干县五县（市、区）有关单位的灌溉供水、年度配水计划和调水方案"；安徽省直属长江河道管理局，为正处级机构，"负责我省境内长江河道上的水行政管理"；江苏省直属秦淮河水利工程管理处，为正处级机构，"负责秦淮河流域水行政管理"；浙江省直属钱塘江管理局，为正处级机构，是"钱塘江专职河道管理机构"。

　　淮海流域，水利部淮河水利委员会（简称淮委）是其流域管理机构，行政级别为正厅级，驻地在安徽蚌埠。沂沭泗水利管理局是淮委直属正厅级机构，驻地在江苏徐州，下设南四湖水利管理局、沂沭河水利管理局和骆马湖水利管理局 3 个正处级地方派出机构，参与当地流域水资源治理。行政区域层面，河南省沙颍河流域管理局是省水利厅直属正处级机构，负责淮河流域支流"沙颍河流域的水行政管理工作"；山东省淮河水利管理局是省水利厅直属正处级机构，职能包括"管理本流域供水灌溉工程和跨市、地的河道，协调处理流域内市、地间的水事纠纷"等；安徽省淮河河道管理局、安徽省怀洪新河道管理局、安徽省茨淮新河工程管理局，均为安徽省水利厅直属正处级机构，负责该段流域的水行政管理工作，如淮河河道管理局"负责安徽省境内淮河干流河道（含颍河茨河铺以下、涡河西阳集以下河段，下同）的统一管理工作"；江苏省淮沭新河管理处、江苏省洪泽湖水利工程管理处，均为江苏省水利厅直属正处级机构，负责淮河流域支流和最大湖泊的流域水资源管理工作。

　　太湖流域，水利部太湖流域管理局（简称太湖局）是其流域管理机构，行政级别为正厅级。太湖流域管理局苏州管理局是太湖局正处级地方派出机构。行政区域层面，江苏省太湖地区水利工程管理处，为省水利厅直属正处级机构，负责太湖流域江苏段（占总流域的 52.6%）的水利工程工作，"承担太湖联防指挥部办公室职能"等。

珠江流域，水利部珠江水利委员会是其流域管理机构，行政级别为正厅级。珠江水利委员会西江局是珠江水利委员会西江流域的正处级派出机构，"参与西江流域内省际水事纠纷的调处工作"。行政区域层面，广东省成立广东省流域委员会，委员会主任由分管水利工作的副省长担任，委员会成员包括省政府办公厅、水利厅、环保局等单位，水利厅承担其日常工作，旨在统筹全省流域水资源治理工作，协调流域管理与区域管理的关系；广东省水利厅下设 4 个正处级省内流域管理机构，即东江流域管理局、西江流域管理局、北江流域管理局、韩江流域管理局，负责相应流域水资源管理工作。

辽河流域，水利部松辽水利委员会是其流域管理机构，行政级别为正厅级。行政区域层面，辽宁省辽河凌河保护区管理局是辽宁省水利厅管理的正厅级机构，是我国首次针对流域"划区设局"，整合省水利厅、环保厅、国土资源厅等部门承担的相关职责，协调处理保护区内跨地区水事纠纷和环境污染等问题，是重点流域管理的创新和突破（薛刚凌和邓勇，2012）。

松花江流域，水利部松辽水利委员会是其流域管理机构。行政区域层面，黑龙江省三江工程建设管理局、黑龙江省引嫩工程管理处，是省水利厅直属的正处级机构，负责流域的水利工程工作。

海河流域，水利部海河水利委员会（简称海委）是其流域管理机构，行政级别为正厅级。海委下设漳卫南运河管理局、引滦工程管理局、海河下游管理局、漳河上游管理局 4 个正处级派出机构。行政区域层面，山东省海河流域水利管理局，是省水利厅直属正处级单位，职能包括"管理本流域供水灌溉工程和跨市、地的河道，协调处理流域内市、地间的水事纠纷"等；河北省大清河河务管理处、河北省子牙河河务管理处、河北省南运河河务管理处，均为河北省水利厅直属正处级单位，负责所辖流域的河务管理工作；北京市永定河管理处、北京市北运河管理处、北京市潮白河管理处，均为北京市水务局直属正处级单位，为所辖流域正常运行提供管理保障；天津市水务局涉及流域管理的直属正处级机构有 4 个，分别为永定河处、海河处、北三河处、大清河处。

根据组织规模、管理层级和管理幅度的评分标准、计算模型以及打分流程，松花江、辽河、海河、淮河、黄河、长江、太湖、珠江流域的组织支撑能力值如表 5-4 所示。

表 5-4　流域水资源治理协同组织支撑能力值

	黄河	长江	淮河	太湖	珠江	辽河	松花江	海河
Y	59	35	37	13	27	15	13	52

三、机制协调协力

流域水资源治理协同的机制协调分为组织性机制协调和经济性机制协调。组织性机制协调是指，依托行政力量成立省际联席会议、跨部门领导小组、部门或地区间议事协商委员会，实现诸如流域治理合作、跨行政区交界断面水质达标交接管理等，旨在增强条块分割的行政管理体制间跨地区、跨部门的协同合作；经济性机制协调是指，不依靠单纯的行政管理手段，通过经济性手段诸如生态补偿机制等，或者依托市场力量建立水权、排污权交易等市场化机制，平衡地区间的流域利益张力。

《说文解字》中提到"协，众之同和也；同，合会也"[1]，即协同的实质在于协商、同步。根据管理职能划分和理论诠释[2]，协商的最终目的是达成一致，可以看作决策的过程；而同步则有赖于沟通交流，消除矛盾，缓解信息不对称，平衡主体间张力等，这也是机制协调的效应机理。高小平

---

[1] 许慎：《说文解字》，中华书局 2003 年版。
[2] 赵景华：《现代管理学》，山东人民出版社 1999 年版。

（2008）认为，决策、需求、效果是公共组织绩效评估的三个维度。综上，组织性机制协调的评价从决策层级、协商幅度、协调效果三个方面切入。决策层级是指省际联席会议等机制领导者的行政级别，这是协商效率的体现，符合我国行政管理体制特点；协调幅度是指参与机制覆盖的治理主体数量等空间跨度，以及机制建立时长等时间跨度；协调效果是指出台的共同宣言、统一行动纲领等文件的效力。具体分值和赋值标准，由课题组[①]成员进行德尔菲法设计，并邀请 10 名该领域专家评议，最终确定。需要说明的是，分析"跨区域、跨部门"的组织性机制协调按流域特点选择跨省级区域的机制，省内城市间的合作协同暂不计入，如赤水河上游生态环境保护和建设工作联席会议制度等；选择具有常设机构的机制，以保证效力的延续性，非常设机构或临时召开的某专题协调会，如黄河流域（片）重要水功能区监测方案协调会等不计算入内。赋值标准如表 5-5 所示。

表 5-5　流域水资源治理机制协调协力赋值体系

维度	分值	赋值标准
决策层级 （SD）	5	省部级以上官员参与且有明确决策机制
	3	省部级官员担任负责人或召集人且有明确决策机制
	1	省部级以下官员担任负责人或召集人或决策机制较明确
协商幅度 （SR）	5	参与部门或涉及行政区划多（大于 5 个），建立时间长（大于 5 年）
	3	参与部门或涉及行政区划较多（3-5 个），建立时间较长（3-5 年）
	1	参与部门或涉及行政区划有待提高（小于 3 个），新成立（小于 3 年）
协调效果 （SP）	5	签订文件包括具体措施、严格标准以及相应的说明
	3	签订文件包括较具体措施和大致执行内容
	1	提出基础性协同措施或者仅是宏观表述、愿景和期望等

根据机制协调的决策层级、协商幅度和协调效果设置分值后，依托课

---

① 国家社科基金重大项目"基于总量与强度双控的水资源治理转型与市场化机制研究"（项目批准号：15ZDC033）课题组。

题组①邀请9位研究流域治理的学者分成3组对机制进行同步打分。第一轮打分完成后将结果进行对比，出现分歧时大家共同协商确定，最终完成对各个机制协调的赋值。运用模型（5-4）计算，得到流域的机制协调值。

$$TS_i = \sum_{j=1}^{N} (SD_{ij} + SR_{ij} + SP_{ij}) \qquad (5-4)$$

TS_i 表示 i 流域机制协调的分值，SD_{ij} 表示 i 流域机制协调第 j 个的决策层级分值，$SD_{ij} \in [1, 5]$；SR_{ij} 表示 i 流域机制协调第 j 个的协商幅度分值，$SR_{ij} \in [1, 5]$；SP_{ij} 表示流域 i 机制协调第 j 个的协调效果分值，$SP_{ij} \in [1, 5]$；N 表示 i 流域中机制协调的个数。各流域主要情况如表5-6所示。

表5-6　流域水资源治理协同机制协调概况

名称	召集人	涉及范围	起始时间	已召开次数（截止到2015年）
长江沿岸中心城市经济协调会	轮值省会城市市委书记	8省份27个城市	1985年	17次
长江上游地区省际协商合作联席会议	轮值省专职副省长	长江上游4省份	2017年	1次
南水北调中线水源保护联席会议制度	轮值城市的专职副市长	丹江口水库沿岸3省份5个城市	2009年	4次
长江流域部分县（市、区）人大工作联席会议	轮值县（市、区）的人大主任	长江流域10个省份39个县（市、区）	1999年	29次
汉江流域水资源管理和保护联席会议制度及协商工作机制	长江水利委员会副主任	汉江流域6个省份	2015年	
黄河流域联合治污机制	黄河流域水资源保护局	黄河流域9个省份	2003年	
黄河经济协作区省区负责人联席会议	轮值省专职省委副书记	9省份11方政府代表	1988年	28次

① 国家社科基金重大项目"基于总量与强度双控的水资源治理转型与市场化机制研究"（项目批准号：15ZDC033）课题组。

续表

名称	召集人	涉及范围	起始时间	已召开次数（截止到 2015 年）
黄河流域（片）省级河长制办公室联席会议制度	黄河水利委员会副主任	10 省份 11 方省级河长制办公室负责人	2017 年	1 次
泛珠三角区域合作行政首长联席会议制度	秘书处负责筹办召集	9 省份 2 特别行政区	2004 年	
黔、桂跨省（区）河流水资源保护与水污染防治协作机制		6 个正厅级机构	2007 年	
太湖流域水环境综合治理省部际联席会议	国家发改委副主任	太湖流域 3 个省份	2008 年	5 次
松辽水系保护领导小组	四省副省长以及松辽委主任	黑龙江、吉林、辽宁、内蒙古 4 个省份		

　　经济性机制协调主要是跨省的横向生态补偿机制和水权、排污权交易机制以及资产证券化等市场化治理手段。工业废水排放的化学需氧量控制指标有偿转让等排污权交易于 1987 年在上海开始实施。目前，总体仍在尝试、推动阶段，部分流域河段仅存在于政策文件的宏观表述与愿景中。基于此，尝试忽略机制间质量、效能的差异，突出机制具体落地、实施的重要性，符合政策探索阶段的效应特点，即政策效果往往随政策数量的增多而上升（高兴武，2008）。具体地，以流域包括的省级行政区划为单位，借用布尔代数二分的理念，存在经济性机制协调的省份赋值为 1，反之为 0；计算赋值为 1 的省份数量在整个流域中的占比，得流域水资源治理经济性协调机制（z_2）的分值。

　　长江沿岸中心城市经济协调会。8 个省份的 27 个城市[①]参与。根据经济

[①] 重庆、武汉、合肥、南京、上海、攀枝花、宜宾、泸州、宜昌、荆州、咸宁、鄂州、黄石、黄冈、岳阳、九江、安庆、池州、铜陵、芜湖、马鞍山、扬州、镇江、泰州、南通、宁波、舟山。

社会发展现状和中央最新精神，商讨生态文明建设（第17届会议）①、区域发展与产业合作（第16届会议）、环境保护（第5届会议）②、西部大开发（第10届会议）、水资源合作开发利用（第15届会议）等议题，达成签署《流域环境联防联治合作协议》《长江流域环境保护合作宣言》《长江流域城市合作发展（上海）宣言》等十余份协议文件。长江上游地区省际协商合作联席会议。该联席会议由重庆、四川、云南、贵州4省份组织召开，会议通过《长江上游地区省际协商合作机制实施细则》，明确联席会议的决策、运行与操作机制，商定生态环境联防联控、基础设施互联互通、公共服务共建共享三方面内容。除4省份外，根据会议需要邀请国家相关部委和中下游地区相关省市有关负责人参加。南水北调中线水源保护联席会议制度。由长江流域水资源保护局联合丹江口水库沿岸3省份的5个城市③召开。主要商谈南水北调中线水源地的水资源保护和水污染联合防治问题。长江流域部分县（市、区）人大工作联席会。联席会议以开展地方人大工作经验交流和长江流域环境保护监督为主要内容，每年召开两次，由各成员单位按长江上、下、中游顺序轮流主办。汉江流域水资源管理和保护联席会议制度及协商工作机制。作为全国唯一一个以流域为单元的最严格水资源管理制度试点流域，由长江水利委员会主办、汉江集团承办，组织湖北、陕西、河南、重庆、四川、甘肃6省份相关单位参加，旨在协调流域内外、河道内外、上下游以及各部门对用水的合理诉求，既保障了南水北调中线一期工程向京津冀地区的供水安全，又满足了汉江水资源的可持续利用，以支撑流域经济社会的可持续发展。同时，协商制定汉江流域水资源管理与保护联席会议制度、汉江流域水量调度管理办法等。

黄河经济协作区省区负责人联席会议。黄河经济协作区成员共9省份11方④，议题包括流域治理、生态建设、水资源开发利用、区域经贸合作等

---

① 第十七届主题会议"共抓长江生态保护促进区域绿色发展"。
② 第五届主题会议"抓区域、促流域，抓专题、促联合"并增设环保专题组。
③ 十堰、南阳、安康、商洛、汉中。
④ 山东、河南、山西、陕西、内蒙古、宁夏、甘肃、青海、新疆以及新疆生产建设兵团和黄河水利委员会。

方面的内容。黄河流域（片）省级河长制办公室联席会议制度。黄河水利委员会负责召集并联系日常会议工作。参与方 10 省份 11 方①省级河长制办公室负责人。联席会议制度旨在围绕黄河流域水资源保护、水域岸线管理保护、水污染防治、水环境治理、水生态修复、执法监管等任务，协调解决河长制工作中涉及上下游、左右岸的省际间相关问题，联席会议分为全体成员联席会议和专题联席会议。黄海流域联合治污机制。黄河流域水资源保护局牵头，联合水利部、环保部，建立黄河水量调度与污染源治理信息通报制度，建立黄河水污染与水资源保护重大问题会商机制，处置黄河突发性水污染事件、特殊水情和水量调度期间限排方案的编制及实施。

泛珠三角区域合作行政首长联席会议制度，参与方包括 9 省份 2 个特别行政区②。"十三五"规划中特别指出，加强泛珠三角区域间的合作，泛珠三角区域合作行政首长联席会议制度是经国务院批准的区域性合作平台。流域治理是联席会议核心议题之一，围绕区域污染防治、联合执法、环境监测等层面进行"联防联控"，保障全流域水环境安全和港澳地区供水安全，定期召开泛珠三角区域环保合作联席会议等。行政首长联席会议下设立"泛珠三角区域合作行政首长联席会议秘书处"，秘书长由广东省政府秘书长兼任。秘书处执行行政首长联席会议的决定和交办事项，牵头各成员方落实各项制度。黔、桂跨省（区）河流水资源保护与水污染防治协作机制，包括珠江水利委员会、珠江流域水资源保护局、贵州省水利厅、贵州省环保局、广西壮族自治区水利厅、广西壮族自治区环境保护局 6 个成员单位。旨在加强流域水利和环保部门合作，协同治理水资源保护和水污染防治问题，完善沿岸跨省份水污染防治的预警预报制度，通过协商方式预防、解决跨省份的水污染事件引发的水事纠纷。

太湖流域水环境综合治理省部际联席会议。鉴于 2007 年太湖蓝藻事件暴发，2008 年由国家发改委牵头建立太湖流域水环境综合治理省部际联席会议制度，包括江苏、浙江、上海 3 个省份代表参加。该联席会议制度旨在

---

① 青海、四川、甘肃、宁夏、内蒙古、陕西、山西、河南、山东、新疆以及新疆生产建设兵团。
② 福建、江西、湖南、广东、广西、海南、四川、贵州、云南、香港特别行政区、澳门特别行政区。

加强太湖水环境和水生态治理，强化省部际协调和地方责任考核机制。

海河、松花江、辽河、淮河流域当前的联席会议主要有两种：一种是由国务院组成部门牵头召开的，部际联席会议的专题会议讨论某流域治理议题，如全国环境保护部际联席会议暨海河流域水污染防治专题会议、全国环境保护部际联席会议暨松花江流域水污染防治专题会议、全国环境保护部际联席会议暨淮河流域水污染防治工作专题会议等。另一种是省内若干城市自主联合召集的联席会议，如淮河流域由江苏省洪泽湖管理委员会召开的洪泽湖管理与保护联席会议制度；辽河流域由辽宁水利厅和辽河大凌河管理局指导，沈阳、铁岭等8个城市人大常委会联合召开的辽河流域水污染治理协调行动主任联席会议。此外，松辽水系保护领导小组和淮河流域水资源保护领导小组不定期召开会议，研究确定流域水资源保护和水污染防治方案、计划，并联合执法监察。领导小组办公室于流域管理机构下设的水资源保护局合署办公。

综上所述，根据决策层级、协商幅度和协调效果的评分标准、计算模型以及评价流程，松花江、辽河、海河、淮河、黄河、长江、太湖、珠江流域的机制协调协力值如表5-7所示。

表5-7　流域水资源治理协同机制协调协力值

	黄河	长江	淮河	太湖	珠江	辽河	松花江	海河
z_1	10	20	3	8	12	1	1	1
z_2	1	0.64	1	1	0.5	0.3	0.3	1

四、监控合作并力

监控合作的核心是促进流域与区域间监察控制活动的联动统筹。流域层面，依照中央编办印发的关于流域管理机构的"三定"方案以及《水法》的相关规定，流域治理中的监督、控制工作是流域管理机构的核心职能之一。水政监察总队是各流域管理机构践行监控职能的组织载体，如海河水利委员会，下辖 68 支水政监察队伍（总队 5 支、支队 27 支、大队 36 支）。流域水资源治理实践中，流域管理机构的监控工作主要是流域水资源污染防治、采砂管理、区域水事纠纷以及其他水行政执法事项等几方面。区域层面，1988 年《水法》颁布后，水利部决定"各级水利部门自上而下建立执法体系，保障水法的贯彻执行"，具体到组织体系即水行政监察队伍。1994 年，江苏省第一个建立专职水行政监察队伍。1995 年，水利部统一规定，省、地、县三级分别建立水政监察总队、水政监察支队和水政监察大队。截至 2015 年，全国共建立省级水政监察总队 27 支，地市级水政监察支队近 600 支，县级水政监察大队超过 3000 支，专职水政监察人员超过 6 万人。流域管理机构和地方水行政主管部门在水行政监察工作中的联动，以及各地跨区域间的合作，影响流域水资源治理协同绩效。2017 年，长江流域水资源主要的省际监管合作活动统计如表 5-8 所示。

表 5-8　2017 年长江流域水资源治理协同主要监控合作概况

监管合作内容	行动规模	时间
湘鄂边界打击非法采砂专项联合行动	长江委砂管局、长江航运公安局、湖北水利厅、荆州市、监利县人民政府和水行政主管部门共 40 余人	2017 年 8 月
川渝两省市长江河道采砂管理清江行动	四川省水利厅建设与管理处、重庆市水利局河道管理处、长江委砂管局	2017 年 3 月
长江经济带入河排污口联合核查工作	长江流域水资源保护局、太湖流域水资源保护局	2017 年 7 月
三峡水库重庆区域河湖联合执法检查活动	长江委、重庆市水利局、巴南区和奉节县水行政主管部门	2017 年 6 月
长江经济带安徽江西河段联合督察行动	长江流域水资源保护局、环保部华东环境保护督查中心、安徽环保厅、江西环保厅	2017 年 1 月

除了水行政监察队伍的建设，流域间具体的监察合作机制也很重要。以长江流域为例，针对流域监察核心工作采砂管理，长江水利委员会水政

监察总队组织召集长江省际边界（鄂赣、赣皖）重点河段采砂管理联席会议。湖北、江西、安徽、江苏 4 省水利厅、海事局、航道处及部分城市（县）的公安局、采砂管理局等单位参加。旨在协商解决长江砂石资源日益减少与地方经济发展对砂石的需求日益增多的矛盾，联合执法机制、统一协调、整合资源，建立长江采砂联合执法新模式。此外，还有川滇黔赤水河流域环境保护联合执法机制等。可见，流域水资源治理监控合作往往涉及内容较多，且差异性较大。监控合作变量的评价具有较大的主观性，宜采用模糊评价法。本书采用基于模糊评价的案例分析，为监控合作变量赋值，以长江流域为例具体步骤如下：

建立因素评价集。课题组①成员进行德尔菲法设计，并邀请 10 名该领域专家根据案例进行评议，最终确定流域水资源监察组织能力（人员配置、资金配置、设备配置）（u_1）、合作次数（u_2）、合作规模（u_3）、制度化建设（u_4）、河长制建设情况（u_5）为评价要素，则评价集为：

$U = (u_1, u_2, u_3, u_4, u_5)$

确定评价等级集。评价等级 $V = (v_1, v_2, v_3, v_4, v_5)$。将评价等级分为五个层次，即 {最强，较强，一般，较弱，最弱}。五级划分，既较适合人们普遍的语意划分能力，也能保证模糊综合评价的质量。

确定评价因素的权重。通过德尔菲法，权重系数确定为：

$A = (0.25, 0.15, 0.15, 0.25, 0.25)$

确定模糊关系矩阵。把专家的赋值结果进行等级分配率的统计，即 $U \rightarrow V$ 的模糊关系，用模糊关系矩阵 R 表示：

$$R = (r_{ij})_{n \times m} = \begin{pmatrix} r_{12} & \cdots & r_{1m} \\ \vdots & \ddots & \vdots \\ r_{n1} & \cdots & r_{nm} \end{pmatrix}$$

R 中的元素 $r_{ij}(i = 1, 2, \cdots, n; j = 1, 2, \cdots, m)$ 表示评价要素 u_i 被 v_j 表示的隶属度。计算需要通过两个步骤完成：一是组织由专家和一线流域

---

① 国家社科基金重大项目"基于总量与强度双控的水资源治理转型与市场化机制研究"（项目批准号：15ZDC033）课题组。

管理工作人员组成评价组。评价组成员根据案例表述、实际情况结合自己的理解认识，独立地为评价要素 u_i 给出判断等级 v_i。二是根据评价结果，计算隶属度。若有 v_{i1} 个成员认为要素 u_i "最强"，v_{i2} 个成员认为要素 u_i "较强"，$\cdots$，v_{i5} 个成员认为"最弱"，则要素 u_i 各评分等级的隶属度如下表示，其中 N 为评分组成员人数：

$$r_{i1} = \frac{v_{i1}}{N}, \quad r_{i2} = \frac{v_{i2}}{N}, \quad \cdots, \quad r_{i5} = \frac{r_{i5}}{N}$$

由 5 名专家和 5 名流域管理工作者组成评价组，分别对长江流域水资源治理监控合作的各要素 u_i 做出评价 v_i，如表 5-9 所示。

表 5-9　评价结果

要素 ＼ 等级	v_1	v_2	v_3	v_4	v_5
u_1	2	1	3	1	0
u_2	3	5	6	4	2
u_3	1	5	3	2	1
u_4	3	6	4	3	4
u_5	1	3	4	3	5

据评价结果表计算模糊矩阵 R：

$$R = \begin{bmatrix} 0.2 & 0.1 & 0.3 & 0.1 & 0 \\ 0.3 & 0.5 & 0.6 & 0.4 & 0.2 \\ 0.1 & 0.5 & 0.3 & 0.2 & 0.1 \\ 0.3 & 0.6 & 0.4 & 0.3 & 0.4 \\ 0.1 & 0.3 & 0.4 & 0.3 & 0.5 \end{bmatrix}$$

合成因子，进行综合判断：

$$B=AR=(0.25,\ 0.15,\ 0.15,\ 0.25,\ 0.25)\begin{bmatrix} 0.2 & 0.1 & 0.3 & 0.1 & 0 \\ 0.3 & 0.5 & 0.6 & 0.4 & 0.2 \\ 0.1 & 0.5 & 0.3 & 0.2 & 0.1 \\ 0.3 & 0.6 & 0.4 & 0.3 & 0.4 \\ 0.1 & 0.3 & 0.4 & 0.3 & 0.5 \end{bmatrix}$$

$$B=(0.227,\ 0.40,\ 0.385,\ 0.265,\ 0.27)$$

得到计算结果 B 仍然是一个 n 维向量，需结合等级分数列向量 C，从而计算得到长江流域水资源治理监控合作的明确代数值。将"最强""较强""一般""较弱""弱"分别赋值为"5""4""3""2""1"，即：

$$C=(5\ 4\ 3\ 2\ 1)^T$$

最终得分则是：

$$P=BC=(0.227,\ 0.40,\ 0.385,\ 0.265,\ 0.27)(54321)^T=4.69$$

综上所述，基于模糊评价的松花江、辽河、海河、淮河、黄河、长江、太湖、珠江流域的监控合作并力值如表 5-10 所示。

表 5-10　流域水资源治理协同监控合作并力值

	黄河	长江	淮河	太湖	珠江	辽河	松花江	海河
W	1.17	4.69	2.12	4.82	0.5	3.76	3.67	2.34

第四节　实证分析

一、必要条件的模糊集分析

条件变量的必要性检验，是 QCA 数据分析的第一步。首先，条件变量需要具有一定的充分性，即对结果变量存在影响；其次，检验条件变量是否为结果变量的必要条件，如果是必要条件，则单一的条件变量即可解释结果，如果不是必要条件，则进行条件组态的研究，即分析可以导致结果变量的条件变量的组合。在进行模糊集真值表程序分析之前，需进行必要条件分析。因为真值表分析本质上条件变量的充分非必要性，是 QCA 进行条件组合分析的基础（MarX et al. , 2014）。

必要条件检测的指标是一致性，见公式（5-5）：

$$\text{Consistency}(Y_i \leqslant X_i) = \sum (\min(X_i, Y_i)) \Big/ \sum (Y_i) \qquad (5\text{-}5)$$

可见，集合 Y 作为集合 X 的子集的一致性是它们的交集占集合 Y 的比例，表示条件变量在多大程度上能够对结果的出现起支撑作用，类似于多元回归分析中的显著性指标 P 值，只有通过一致性检验，才能进入下一步分析。当 Consistency ≥ 0.9 时，条件变量是结果变量的必要条件（Skaaning, 2011；Mendel, 2012）。fsQCA3.0 软件还会计算覆盖率，计算公式如下：

$$\text{Consistency}(Y_i \leqslant X_i) = \sum (\min(X_i, Y_i)) \Big/ \sum (X_i) \qquad (5\text{-}6)$$

覆盖率是集合 Y 作为集合 X 的子集的一致性，是它们的交集占集合 X 的比例，表示条件变量或者条件变量的组合对结果的覆盖程度，类似于多元回归分析中度量拟合优度的统计量 R^2，以此衡量对结果变量的解释力大小。

经 fsQCA3.0 软件计算，输出表 5-11。条件变量的 Consistency 值大于 0.6，表示条件变量能够对结果变量产生影响（Mendal, 2012），即对结果的出现有解释力（Schneider and Wagemann, 2012），具有较好的充分性。经观察可得，代表目标嵌入变量的中央目标嵌入效力（x_1）和地方目标嵌入效力（x_2）的 Consistency 值为 0.884 和 0.839，显示了对流域水资源治理协同绩效的显著影响（支持假设 H1a）；组织支撑能力（Y）的 Consistency 值为 0.665，大于 0.6，表明存在组织支撑，能够影响流域水资源治理协同绩效的取得（支持假设 H2a）；代表机制协调的组织性机制协调协力（z_1）和经济性机制协调协力（z_2）的 Consistency 值分别为 0.720 和 0.777，表明机制协调的存在，可以影响流域水资源治理协同绩效的产生（支持假设 H3a）；监控合作并力（W）的 Consistency 值为 0.832，表明监控合作具有较好的充分性，能够影响流域水资源治理协同绩效（支持假设 H4）。所有条件变量的 Consistency 值均超过 0.6，并且未达到 0.9，表示所有条件变量均不是结果变量的必要条件，不能单独引致结果变量的产生，通过一致性检验。其中，中央目标嵌入（x_1）和组织性机制协调（z_1）的 Coverage 分别约为 0.93 和 0.92，其他条件变量的覆盖值未达到 0.9，因此中央目标嵌入（x_1）和组织性机制协调（z_1）对流域水资源治理协同绩效的解释力较其他变量最强（支持假设 H1b 和假设 H3b）。

具体到目标嵌入，中央目标嵌入（x_1）和地方目标嵌入（x_2）对治理协同绩效均具有较强的解释力，可见政策法规是当前流域治理协同的主要动力，而且中央目标嵌入较地方目标嵌入解释力更强，中央整合和带动力强于地方区域性的权威，符合我国治理体系的特点；监控合作（W）的 Coverage 值接近地方目标嵌入（x_2），对治理协同绩效也具有很强的解释力，流域水资源治理实践中，监控合作更多体现的是一种法规的约束和控制力，这是目标嵌入效力的保障；机制协调中，经济性机制协调（z_2）的解释力小于组织性机制协调（z_1），表现为 Coverage（z_2）<Coverage（z_1），这说明横向机制性治理协同中，行政主导的力量还是大于经济性补偿或者市场性的手段，同样代表治理同步性的影响因素，Coverage（z_2）<Coverage（W），说明对同步性的法规性约束控制力大于激励性利益驱动力，由于横向的生态补偿、水资源使用权和排污权交易制度等尚在发展中，经济性机制协调的效力会逐步上升；组织支撑（y）的 Coverage 值达到 0.8，表示对治理协同绩效也有较强的影响，不过解释力仅高于经济性机制协调（z_2），可见组织支撑虽然搭建了目标嵌入的渠道，但其作用的发挥有赖于其他条件变量的辅助（支持假设 H2b），这也说明了流域水资源治理协同不仅依靠机构的建立和扩张。

基于此，条件变量中央目标嵌入（x_1）、地方目标嵌入（x_2）、组织支撑（y）、组织性协调机制（z_1）、经济性协调机制（z_2）、监控合作（W）均通过一致性检验。也就是说，单个条件变量不能完全解释结果变量（P），成为其必要条件，需进一步条件组态分析，需找更加优化的治理协同路径（支持假设 H5）。

综上所述，经 fsQCA3.0 软件运算和相关数据分析，流域水资源治理协同绩效的研究假设检验结果如表 5-12 所示。此外，假设 H5 得到支持说明，流域水资源治理协同绩效的实现路径需要影响因素间的搭配和优化组合，是影响因素间相互作用的结果，而 QCA 方法的优势之一就是挖掘条件变量间的并发因果性、等效性和非对称性，发现优化路径，即下面的条件组态分析。

表 5-11　流域水资源治理协同条件变量一致性和覆盖率值运算结果输出

必要条件分析
输出变量：P

条件检验	一致性	覆盖率
x_1	0.884	0.938202
x_2	0.839	0.888519
y	0.665	0.800000
z_1	0.720	0.926100
z_2	0.777	0.778333
W	0.832	0.881834

表 5-12　流域水资源治理协同绩效研究的假设检验结果

编号	假设	检验结果
H1a	流域水资源治理协同目标嵌入促进流域水资源治理协同绩效	支持
H1b	流域水资源治理协同目标嵌入影响效力较其他影响因素更强	支持
H2a	流域水资源治理协同组织支撑促进流域水资源治理协同绩效	支持
H2b	流域水资源治理协同组织支撑影响效力弱于其他影响因素	支持
H3a	流域水资源治理协同机制协调促进流域水资源治理协同绩效	支持
H3b	流域水资源治理协同机制协调影响效力较强	支持
H4	流域水资源治理协同监控合作促进流域水资源治理协同绩效	支持
H5	流域水资源治理协同绩效的实现路径需多个影响因素搭配	支持

二、条件组态分析

条件变量通过一致性检验后，借助软件对真值表进行程序性分析（Fuzzy Truth Table Algorithm）。首先，需依照样本量设置组态案例频数，即某一条件组态在真实样本中实际出现的次数。针对小样本的 fsQCA 分析，频数门槛通常设定为 1（Ragin，2008a；Fiss，2011），表示没有在原始样本中出现的条件组态将被删除。其次，设置一致性门槛。一致性门槛不应低于 0.75（Ragin，2008a；Fiss，2011），本书遵循研究惯例（Marx et al.，2014），依照 fsQCA3.0 软件默认值 0.8 设置，即一致性小于 0.8 的条件组态标记为 0，高于 0.8 的条件组态设置为 1。通过程序运算，得出条件组态的结果路径，选择复杂路径（Complex Solution）和精简路径（Parsimonious Solution），最终结果路径数由复杂路径决定。下一步，需根据路径表绘制组态结构表（Misangyi and Acharya，2014）。当复杂路径结果多于精简路径时，设置路径 1a、1b 等形式（Greckhamer，2016）；复杂路径和精简路径中的条件变量为核心条件，复杂路径中不在精简路径的条件变量为次要条件（Fiss，2011）。采用 Ragin 和 Fiss（2008）开发的符号语言进行描述：●表示核心条件存在，⊗表示核心条件的非，•表示次要条件存在，⊗表示次要条件的非。基于如此设置，经运算，软件输出如表 5-13、表 5-14 所示。

表 5-13　流域水资源治理协同绩效影响条件的复杂路径输出

Model：p=f(x1，x2，Y，z1，z2，w)
算法：布尔表达

复杂路径			
截止频率			
	原始覆盖度	唯一覆盖度	一致性
	──────────	──────────	──────────
$x1 * Y * z1 * w$	0.608985	0.279534	1
$x2 * \sim Y * z1 * \sim z2 * w$	0.27787	0.113145	1
$x1 * x2 * Y * \sim z1 * z2 * \sim w$	0.331115	0.0565723	1
$x1 * x2 * \sim Y * z1 * z2 * \sim w$	0.276206	0.0565723	1

路径覆盖度：0.835275

路径一致性：1

表 5-14 流域水资源治理协同绩效影响条件的精简路径输出

Model：p=f(x1, x2, Y, z1, z2, w)
算法：布尔表达

	简化路径		
截止频率			
	原始覆盖度	唯一覆盖度	一致性
	----------	----------	----------
x1	0.833611	0.224626	0.984603
z1	0.720466	0.111481	0.938202
路径覆盖度：0.945092			
路径一致性：0.945092			

根据流域水资源治理协同绩效的复杂路径和精简路径，使用较统一的组态符号语言，得流域水资源治理协同绩效的组态组合表 5-15，参照展开分析。

表 5-15 流域水资源治理协同绩效影响条件的组态组合

条件变量	流域水资源治理协同绩效（P）			
	路径 1	路径 2	路径 3	路径 4
x_1	●		●	●
x_2		•	•	•
Y	•	⊗	•	⊗
z_1	●	●	⊗	●
z_2		⊗	•	•
W	•	•	⊗	⊗
原始覆盖度	0.608985	0.27787	0.331115	0.276206
唯一覆盖度	0.279534	0.113145	0.0565723	0.0565723
一致性	1	1	1	1
全路径覆盖度：0.835275				
全路径一致性：1				

依表 5-15 所示，中央目标嵌入(x_1)和组织性机制协调(z_1)是影响流域水资源治理绩效的核心条件。经 fsQCA 运算，得到 4 条有效路径，总体覆盖率超过 0.8，具有较好的解释能力。具体到 4 条路径中，目标嵌入条件变量在路径 1 到路径 4 中均有出现，可见，作为流域水资源治理"协同—绩效"链的初始环节，目标嵌入是影响治理协同绩效取得的最关键因素。机制协调条件变量在 3 条路径中出现，是影响治理协同绩效取得的又一重要因素，机制协调所代表的横向协同模式重要性凸显。在机制协调不足的情境（即路径 2）中，除地方目标嵌入外，监控合作条件变量在一定程度上，弥补了缺少组织支撑以及机制协调横向协同模式的不足，监控合作作为目标嵌入等治理行为的保障控制环节，类似于调节变量，强化目标嵌入的效应，以支撑治理协同绩效的取得。组织支撑条件变量出现在路径 1 和路径 3 中，作为目标嵌入的传递渠道，以及等级权威在具体治理实践中的延伸，组织支撑和目标嵌入配合出现，是高治理协同绩效的重要因素。当缺少组织支撑的情景（即路径 4）下，中央和地方齐备的目标嵌入，以及组织性和经济性齐备的机制协调，也能取得高治理协同绩效，中央地方协同配合出台政策规划，可以弥补监控合作缺失的不足；而生态补偿、排污权交易等较完善的机制协调，可以缓解组织支撑缺乏所带来的横向合作不足的问题。可见，条件变量影响结果变量的效应机理相互作用，这正是流域水资源治理协同绩效实现机制的外现，也是下一步研究的核心问题。

第五节　结果讨论

验证假设，是为了检验理论的有效性，挖掘通过验证的假设之间关系，揭示其背后的逻辑机理，能够更好地阐释理论。因此，本书将进一步展开分析。

一、影响因素的功能定位

假设 H1a、H1b、H3a 和 H4 通过检验，表明目标嵌入、组织支撑、机制协调和监控协同是流域水资源治理协同绩效的影响因素，流域水资源治理"协同—绩效"链合理性得以支撑。接下来讨论流域水资源治理"协同—绩效"链的有效性，即其效应机理。假设 H1b 成立，表明目标嵌入效力较其他条件变量有更强的影响力；假设 H3b 成立，凸显了机制协调的重要性。可见，出台流域治理的政策法规，依托现有行政管理体制下的等级权威，纵向嵌入流域治理主体之间，整合跨区域、跨部门间的价值碎片，形成流域和区域的治理共识，从而激发横向流域治理主体间的协同联动；跨部门、跨区域的联席会议制度或合作治理机制，搭建治理主体间的横向沟通交流的平台，能够催发目标嵌入、组织支撑等结构性治理协同的作用。这两个变量代表治理协同中主要的纵向和横向两种模式，是实现流域治理协同首先要考虑的因素。条件组态分析同样表明，目标嵌入和机制协调是所有路径 $x_1 * y * z_1 * w$、$x_2 * \sim y * z_1 * \sim z_2 * w$、$x_1 * x_2 * y * \sim z_1 * z_2 * w$ 和 $x_1 * x_2 * \sim y * z_1 * z_2 * \sim w$ 的核心要件。结合假设 H2b、H4 和 H5，组织支撑和监控合作类似于调节变量的作用，作为辅助性因素与其他条件变量搭配，以更好地实现流域水资源治理协同。

二、实现路径的差异性分析

通过 fsQCA 的条件组态分析，得到 4 条路径。实现路径是效应机理的外现，通过分析路径间的差异，一方面可以更好地揭示理论，论证流域水资源治理"协同—绩效"链的合理性；另一方面可以更好地提高理论对实践的指导意义，提高流域水资源治理"协同—绩效"链的有效性。结合上文条件变量的功能划分，建立坐标区间，分析实现路径(见图 5-17)。

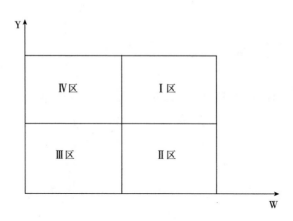

图 5-17　流域水资源治理协同绩效路径分类

监控合作为实线横轴，左侧表示不存在、右侧表示存在；组织支撑作为实线纵轴，上方表示存在、下放表示不存在。依次，图 5-17 显示四个区域：Ⅰ区、Ⅱ区、Ⅲ区、Ⅳ区，对应 4 条路径。

Ⅰ区，监控合作并力和组织支撑能力较高，即路径 $x_1 * y * z_1 * w$，表示目标嵌入、组织支撑、机制协调、监控合作均存在，说明流域治理既存在价值共识，而且治理协调性和治理同步性得以保障。这个路径要求比较高，且其唯一覆盖度的值较其他三条路径均高，说明其普适性较强。

Ⅱ区，组织支撑能力缺失，监控合作并力存在，即路径 $x_2 * \sim y * z_1 * \sim z_2 * w$。此时，目标嵌入和监控合作，保障了价值共识和治理同步性，不过组织支撑的缺失必然影响治理协调性，需要经济性机制协调（z_1）予以补充。

Ⅲ区，组织支撑能力和监控合作并力均缺失，即路径 $x_1 * x_2 * \sim y * z_1 * z_2 * \sim w$。流域水资源治理协同的协调性和同步性大受影响，此时，一方面需要较强的目标支撑效力，即中央目标支撑效力和地方目标支撑效力共同存在，以加强价值共识对治理协同绩效的刺激；另一方面，需要较强的机制协调协力，即组织性机制协调和经济性机制协调共同存在，保障治理协调性，以及通过激励保障治理同步性。

Ⅳ区，组织支撑能力存在，监控合作并力缺失，即路径 $x_1 * x_2 * y * \sim z_1 * z_2 * \sim w$。由于组织支撑的存在，保证了流域治理协调性，所以可以允许组织性机制协调的缺失，不过监控合作缺失使治理同步性受到影响，需要市场性机制协调的激励以支持。同样，目标嵌入效力保障价值共识达成。

综上所述，条件变量的不同组态，丰富了流域水资源治理协同绩效的路径选择，这也是 QCA 分析的优势所在，揭示复杂的多重性因果关系。

第六节　本章小结

流域水资源治理"协同—绩效"链模型给出了我国流域水资源治理协同绩效的影响因素、效应机理和实现机制。本章尝试运用定性比较分析方法（QCA）予以验证，是"理论→现实"的回归阶段。

第一，QCA 分析我国流域水资源治理协同绩效的方法适配性。

第二，本书组态化流域水资源案例的条件或属性，使用集合理论将其概念化为集合，设置目标嵌入效力、组织支撑能力、机制协调协力和监控合作并力等变量，通过 fsQCA 的必要条件模糊集分析和条件组态分析探寻条件原因和结果之间的关系，发现目标嵌入、组织支撑、机制协调和监控合作均能提升流域水资源治理协同绩效。其中，目标嵌入和机制协调影响力较其他因素更强，组织支撑影响力弱于其他因素。根据 fsQCA 条件组态分析，基于影响因素的功能定位，得到 4 种有效条件组合：$x_1 * y * z_1 * w$，中央目标嵌入效力和组织性机制协调协力发挥效能，监控合作并力和组织支撑能力较高；$x_2 * {\sim}y * z_1 * {\sim}z_2 * w$，地方目标嵌入效力和组织性机制协调协力发挥效能，组织支撑能力缺失、监控合作并力存在；$x_1 * x_2 * {\sim}y * z_1 * z_2 * {\sim}w$，目标嵌入效力和机制协调协力主导，组织支撑和监控合作均缺失；$x_1 * x_2 * y * {\sim}z_1 * z_2 * {\sim}w$，组织支撑存在，监控合作缺失。

第三，根据 fsQCA 给出流域水资源治理协同绩效的 4 种条件组合，分析影响因素的功能定位和组合差异，识别不同组合的效应机理和关键因素，为下面的路径选择和优化提供依据。

第六章　我国流域水资源治理协同绩效的路径选择

治理路径选择需有理论基础的支撑，通过构建我国流域水资源治理"协同—绩效"链，结合案例定性比较分析，验证其效应机理归纳得到条件组态，这是从实践面抽象到理论层的过程；同时，还需结合流域水资源协同治理的实际，针对复杂性、动态化的治理环境，以及充满利益张力的治理系统，融入公共战略的思维，重视环境动态适配与战略差异化选择（赵景华等，2017），以发现有效的治理路径，这是从理论层重新回归实践面的过渡，从而使理论更好地为实践服务。

第一节　我国流域水资源治理战略环境的类型学划分

战略环境是指对政府行为可能产生重大影响的外部环境因素（保罗·纳特和罗伯特、巴可夫，2016）。流域水资源协同治理路径选择应融入战略的思维，结合流域治理实践，考虑流域自然特性和制度条件。因此，本书将流域水资源治理协同战略环境按体现自然环境特点的流域水资源跨域性（简称跨域性）和体现行政环境特点的流域管理机构的掌控力（简称掌控力）两个维度划分（见图6-1）。

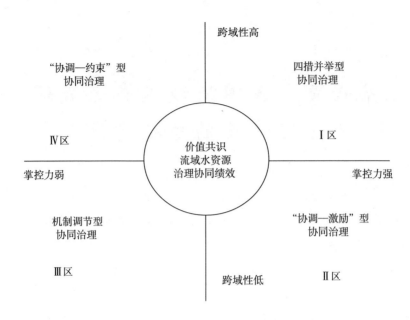

图 6-1　我国流域水资源协同治理路径选择

　　跨域性是流域水资源协同治理的客观要求，刻画出流域治理"协同—绩效"链动力层中外部推力、内生压力和外部拉力的作用强度，代表流域水资源从属地治理到协同治理转换的应然逻辑（王俊敏和沈菊琴，2016）。流域管理机构的掌控力代表着流域水资源协同治理的主观条件。需要说明的是，现实世界中不存在绝对清晰的战略环境边界，治理实践中的战略环境划分只是在多大程度上更接近某一种类型，这也是类型学为理论分析提供的方便之处（赵景华等，2016）。

　　我国流域水资源治理中，自然形成的流域与行政区划相交叠。流域水资源跨域性高，表示流域经过的行政区划多，如长江流域的跨域性远高于太湖流域；流域水资源跨域性低，表示流域流经的行政区划少，比如新疆境内的塔里木河，或者一些县域范围内的河湖等。跨域性与流域长短和水量无关，黄河流域的跨域性远高于珠江流域，不过水量仅有其1/6。水行政部门和环保部门针对跨域江河湖泊设立省际水质和水量监测点，较高的跨域性不仅伴随较强外部性的可能，而且跨域河流极易形成污染的行政"边界效应"（李静等，2015），引发地方政府间"逐底竞争"，损害流域的整体利益，需要协同联动，获得信息、专业知识、技术以及财政上的储备稳定性，减少不确定性。跨域性突出了流域水资源本身的自然属性。流域以水为纽带，是横穿行政区划的水文单元，连接着中央与地方、地方与地方、部门与部门、流域与行政区域、公民与政府之间多样复杂的关系，利益相关者增多对政府治理能力提出更高要求。

掌控力是指流域管理机构在流域治理的组织支撑能力。《水法》规定，我国流域水资源治理是"流域与区域管理相结合"，流域管理机构"在所管辖的范围内行使法律、行政法规规定的和国务院水行政主管部门授予的水资源管理和监督职责"。不同流域管理机构其掌控力强弱不同，不同流域受流域管理机构的影响不同。比如，流域管理机构在某些流域派出专门分支机构，代表了其权威在地方的延伸；有的区域成立专门对口单位，负责与流域管理机构的对接。这些区域，流域管理结构的组织支撑能力较强。而有些流域，流域管理机构覆盖力有限，也缺乏"跨部门、跨区域"的相关组织支撑。当前，流域管理机构总部多设在上海、天津、广州、郑州等中、东部地区，对西部地区的组织支撑能力较中、东部弱（刘俊勇，2013）。再比如，西部地区石羊河流域、羊砂河流域等内陆河或外流河，流域管理机构不负责管理。

跨域性和掌控力的划分维度，实际上是对流域与区域相结合的管理体制的反映。跨域性维度将"跨区域"因素带入战略环境分类之中，掌控力维度将"跨部门"因素带入战略环境分类之中。流域水资源本身具备外部性和跨域性的特点，再加上区域间发展差异，地区间、部门间存在诸多利益诉求方面的张力，即不同主体由于利益、观念、目标等各方面的原因产生了对立与不相容性（赵景华和李代民，2009）。流域水资源的统一管理和监督由国务院水行政部门负责，流域管理的内容交由隶属水行政部门的流域管理机构负责，行政区域内的水资源治理由县级以上地方人民政府的水行政主管部门负责。然而，流域水资源具有防洪、排涝、发电、航运、灌溉、渔业、工业用水、农业用水等复合功能属性，涉及9个国务院职能部门和 3 个直属机构的业务范围，因此在流域水资源治理实践中，需众多部门参与；流域水资源以江河、湖泊为纽带，往往横跨多个行政区划，使上中下游以及左右两岸发生联系，涉及众多利益相关者，而流域水资源的强外部性使"个体理性"和"集体非理性"之间的矛盾成为治理必须重点关注的问题。

第二节　基于战略环境的我国流域水资源治理协同绩效路径选择

一、四措并举型协同治理路径

四措并举型协同治理路径是指条件组态 $x_1 * y * z_1 * w$，即目标嵌入、组织支撑、机制协调和监控合作同时具备。该型路径模式适合 I 区战略环境中的流域水资源治理协同，该环境中的流域协同治理重点是以上诸环节的同步推进。目标嵌入效力促使价值共识形成，统筹治理主体间的行动，组织支撑和机制协调为治理协调性提供保障，而监控合作约束规范治理行为，维护治理同步性。

I 区中，流域跨域性较高，流域管理机构掌控力较强，一般如长江、黄河、淮河等流经行政区划较多的江河流域具备这种特点。处于该区战略环境中的流域水资源，跨域性强的直接结果就是利益相关者增加、张力增多，增加了共识形成、治理协调性和同步性的难度。如长江下游需要足够的清洁水资源作为发展的必要条件，而上游则有可能利用在地理上的先天优势肆意利用水资源；上中下游或干支流之间还会因为通航、建坝、采砂等问题而产生纠纷。这就需要中央或国务院层面出台相关法规政策，统筹各行政区划的行为；巩固流域管理机构在治理协同中的主导地位，充分发挥其保障流域水资源的合理开发利用、流域水资源保护管理和监督等方面的作用。此外，由于重点江河涉及省份较多，如长江流域流经 11 个省份、黄河流域流经 9 个省份，流域管理机构组织支撑能力随管理幅度增加而受到影响，需要诸如成立省际联席会议等经济性机制协调的辅助，如 1985 年成立的长江沿岸中心城市经济协调会，多次召开针对流域水资源协同治理的省际联席会议；1999 年成立的长江流域部分县（市、区）人大工作联席会议，累计召开 29 次。同时，强跨域性的省际水事纠纷、违法违规活动也会随之增多。排污监督、采砂监管、水质保障等均需要省级治理主体间的协同联动，统筹谋划，保障治理的同步性。

综上所述，四措并举型协同治理路径较适合大中型流域，其往往处于跨域性强的自然战略环境和掌控力高的行政战略环境之中，对目标嵌入、组织支撑、机制协调和监控合作等环节均有较高要求。当前，河长制、湖长制等流域水资源治理的制度正在推进之中，基于此的系统性设计是该路径的重点发展方向。

二、"协调—激励"型协同治理路径

"协调—激励"型协同治理路径是指条件组态 $x_1 * x_2 * y * \sim z_1 * z_2 * \sim w$，即强调目标嵌入、组织支撑和机制协调的作用，该型路径模式适合 II 区战略环境。处在该环境中的流域水资源协同治理的重点是区域一体化建设和经济性机制协调。这条路径与四措并举型相比，缺少监控合作的并力支持，不过强调经济性协调机制的作用。此外，除中央目标嵌入效力外，地方目标嵌入效力也增加到路径元素之中，外现于区域的一体化程度较高，在保证价值共识、治理协调性的同时，通过机制协调协力作用于治理同步性。

II 区中，流域水资源跨域性程度降低，不过流域管理机构掌控力较强，珠江流域处于这种特点的战略环境中。珠江流域的干流西江，主要流经广西、广东两省，在两广的流域面积占比接近总流域面积的 70%。而珠江水利委员会驻地在广州市，广东省内亦有配合其管理的广东省流域委员会，委员会主任由分管水利工作的副省长担任，委员会成员包括省政府办公厅、水利厅、环保局等单位，协调流域管理与区域管理的关系；广东省水利厅下设4个正处级省内流域管理机构，即东江流域管理局、西江流域管理局、北江流域管理局、韩江流域管理局，负责相应流域水资源管理工作，组织支撑能力较强。因此，处在Ⅱ区战略环境流域水资源协同治理的重点，应是经济性协调机制和区域一体化建设。随着区域一体化程度增高，区域间共识增强，表现为地方目标嵌入效力的提高，即具备路径关键因素 x_2。同时，积极探索经济性协调机制，以生态补偿机制为例，下游地区需加大对水源地的退耕还林及防护林建设、流域水土流失工程及植被恢复、修建拦沙坝及废水治理、生态农业工程等内容的支持。需要说明的是，当前流域生态补偿机制一种是将资金上交中央，再由中央统筹划拨给上游的西部地区的模式；另一种是出资方和受偿方直接购买模式。经济性协调机制强调后一种，即较少依托纵向权威，横向区域占主导地位，符合流域水资源治理协同绩效的理念，也是2016年国务院印发《关于健全生态保护补偿机制的意见》的发展方向。这种生态补偿模式适合跨域性程度不高，而区域化程度较强的地域，如全国首个省际流域生态补偿新安江试点，成效显著，已进入第二阶段试点工作。此外，经济性协调机制还包括水权、排污权交易，污染治理资产证券化等市场化手段，这也应为该战略环境下流域水资源治理协同的重点。

综上所述，"协调—激励"型协同治理路径较适合区域一体化程度较高的流域，其往往处于跨域性较低的自然战略环境和掌控力较高的行政战略环境之中，强调目标嵌入和组织支撑的作用。区域一体化程度较高的流域，如珠江流经粤港澳大湾区，往往人、财、物等元素交流频繁，交易成本较低，市场在资源配置中的决定性作用更显著，因此，借助市场的力量进行流域水资源协同治理是该路径的重点发展方向。

三、机制调节型协同治理路径

机制调节型协同治理路径是指条件组态 $x_1 * x_2 * \sim y * z_1 * z_2 * \sim w$，即

较强的目标嵌入效力和较高的机制协调协力。该型路径模式适合Ⅲ区战略环境中的流域水资源协同治理，该环境的流域治理应重视组织性机制协调和经济性机制协调的作用。流域管理机构和监控合作不足，影响治理协调性和同步性，需要较强的目标嵌入效力引导，整合治理主体间的价值方向，同时以机制协调予以弥补，提供保障。

Ⅲ区中，流域水资源跨域性程度降低，流域管理机构掌控力较弱，诸如钱塘江等省内性流域往往处于此类环境之中。钱塘江流域全长668千米，主要位于浙江省西部，是浙江省第一大河，不过其跨域性较低。太湖流域管理局代表水利部对钱塘江流域行使水行政管辖权，不过没有专门设立针对钱塘江流域水资源治理的直属事业单位，而钱塘江流域管理局是浙江省水利厅的下设正处级单位，负责河道管理，其"跨部门、跨区域"的协调能力有限。由于增设流域管理派出机构比较复杂，此类环境中的流域治理协同，应定位于机制协调的建设。中央和省级目标嵌入支持，加强区域间价值共识。在此基础上，加快组织性机制协调和经济性机制协调建设。通过召开区域间流域治理联席会议，增进治理主体间的沟通协调，减缓信息不对称；协商决策，提高政策科学性和有效性。水权交易等经济性机制协调是另一个重点，如浙江东阳市与义乌市的我国首例水权交易，东阳和义乌所处的金华江流域，其跨域性和掌控力较钱塘江更小，义乌市一次性出资2亿元购买东阳横锦水库每年4999.9万立方米水的使用权，转让用水权后水库原所有权不变，水库运行、工程维护仍由东阳负责，义乌按当年实际供水量按每立方米0.1元标准支付综合管理费。通过交易性手段，运用利益性激励措施，处理区域水资源使用的张力冲突，有利于流域和区域管理相结合，提高流域治理协同绩效。

综上所述，机制协调型协同治理路径较适合省内性的流域治理，其往往处于跨域性较低的自然战略环境和掌控力较低的行政战略环境之中，强调发挥机制协调的效能。省内性流域，便于统筹各级水行政主管单位，利于精细化、专业性治理措施的实施，因此，借助互联网大数据技术的信息化建设是该路径的重要发展方向。

四、"协调—约束"型协同治理路径

"协调—约束"型协同治理路径是指条件组态 $x_2 * \sim y * z_1 * \sim z_2 * w$。该型路径模式适合Ⅳ区战略环境中的流域水资源治理协同。此类流域较"协调—激励"型治理路径，更应突出地方自主性，加强监控合作。组织支撑缺乏对治理协调性的影响，由组织性机制协调予以补偿，而较强的监控合作并力保障了治理同步性。

Ⅲ区中，流域水资源跨域性程度较高，而流域管理机构掌控力较弱。西部地区的内陆河或外流河所处环境较为符合，如石羊河流域、疏勒河流域等。虽然流经省份较少，不过多为甘肃、内蒙古、新疆等地域广阔的行政区划。此外，除黑河流域有隶属黄河水利委员会的黑河流域管理局外，其他流域的管理局多为本省水利厅的下设处级事业单位，跨区域和跨部门的协调能力受到限制。此类流域水资源治理，应充分调动地方自主性，因多为省内河流，地方目标嵌入效力十分关键。省级政府应该积极出台整体性流域规划，制定政策，划定制度红线，整合不同地域间的流域治理价值碎片，形成共识；区域间应积极召集水资源治理联席会议，搭建沟通交流的平台，创造协商决策的机制环境。西部地区生态承载力较脆弱，监控合作是流域水资源治理的重点环节。政府应加强流域水资源治理中的监督、评估以及重大水事件的应急处理工作等，避免行政监督检查和行政处罚的多头执法等，以保障治理同步性。

综上所述，"协调—约束"型协同治理路径较适合西部地区内陆性流域治理，其往往处于跨域性较高的自然战略环境和掌控力较低的行政战略环境之中，强调发挥监督合作的效能。西部地区的流域，环境承载力较为脆弱，一旦破坏生态恢复难度更大，且为众多流域的水源地，外部性强，因此，更应加强行政性控制管理，鼓励公众参与监督，从约束的角度增进治理同步性，这是该路径的重点发展方向。

第三节 路径优化的政策建议

治理模式代表治理实现方式，决定着治理的绩效（张成福等，2012）。基于战略环境的路径选择是从现实层面，围绕"目标嵌入—组织支撑—机制协调—监控合作"等影响因素，进行选择和排列组合，为具体情景中各流域水资源协同治理提供了存量意义上的选项。本节将依据影响因素的效应机理，以进一步推进河长制、湖长制等流域水资源治理的重要制度设计为切入点，从发展层面提出合理的政策建议，探索其质量意义上的提升方向。"量""质"并举，切实提高我国流域水资源治理协同绩效。

一、成立流域"河长制"协同治理委员会，优化四措并举型路径

四措并举型协同治理路径适合大型流域，强调目标嵌入、组织支撑、机制协调和监控合作的同时具备。由于大型流域流经行政区划较广，涉及的部门以及利益相关者众多，对流域水资源治理"协同—绩效"链诸环节均有较高要求。基于此，可配合大部制改革方向，参考国际经验，基于当前推动的河长制、湖长制等流域水资源制度设计，探索规范垂直管理体制和地方分级管理体制，成立"河长制"流域水资源协同治理委员会，加强目标嵌入效力、组织支撑能力、机制协调协力和监控合作并力。

Ⅰ区中，自然战略环境跨域性强、行政战略环境掌控力高，"流域与行政区域相结合"管理的难度较大，中央垂直管理和地方分级管理需进一步推动、规范。当前，长江水利委员会、太湖流域管理局等流域管理机构在流域水资源协同治理实践中发挥重要作用，不过流域管理机构属于水利部的派出机构，在所管辖的范围内行使法律、行政法规规定的和国务院水行

政主管部门授予的水资源管理和监督职责，从性质、地位和职能上来说，统筹协同能力受限制。因此，可以借鉴美国田纳西流域综合管理经验，结合我国国情，成立"河长制"流域水资源协同治理委员会。协同治理目标嵌入效力的提高，重点在于治理主体间的协商决策体制。目标嵌入依托权威纵向传递，目标的科学性、合理性和可行性是目标嵌入发挥协同效力的根本。机构是职能的组织化载体，职能的交叉分散导致"越位""错位""缺位"等问题的出现，是需要部门协同合作的主要原因之一。辽河和大凌河保护区管理局等"跨部门、跨区域"的组织机构探索，取得较良好的协同治理效果。自1982年以来，我国政府分别进行了8次较大规模的机构改革，大部制建设的步伐稳步推进，国务院组成部门从改革开放前的52个，整合下降到25个。近年来，随着生态文明建设的推进，顶层设计的力度加强，针对流域水资源等成立专门的自然资源资产委员会是下一步改革的重点方向，涉及流域水资源管理部门的职能合并，这本身就是协同治理的重要内容，影响中央目标嵌入效力的发挥。在此背景下，流域整体性治理建设也应继续推进，优化地方目标嵌入效力，同时提高组织支撑能力，促进流域和行政区域管理更好地结合。

河长制是我国流域水资源治理的重要制度创新，当前各地正在探索之中，多是依省、市、县等行政级别以及河段，由行政负责人担任河长，成立流域"河长制"协同治理委员会，流域内各级河长参与并负责，下设流域决策委员会、流域咨询委员会和流域管理机构三部分（见图6-2）。流域决策委员会是流域水资源治理的决策机构，各级河长参与，同时包括水行政主管部门领导、流域内各省份的省级分管领导以及发改委、财政部门负责人，对流域水资源治理事务进行协商决策，决策内容包括政策、规划和重大项目等，旨在提高目标嵌入的科学性和效力强度。流域管理机构可作为其执行性的办事机构，负责规划的执行、建设项目的组织实施、信息采集和行政检测、综合行政执法和流域的开发利用等。流域咨询委员会是借鉴美国田纳西流域的实践经验，发挥智库咨询、实践调研沟通联动等作用。

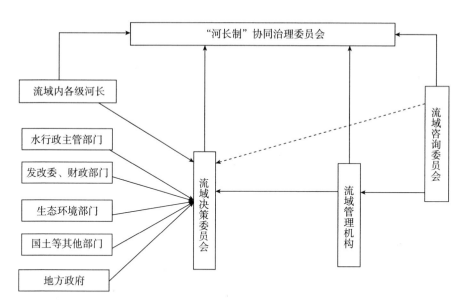

图6-2　流域水资源协同治理委员会组织结构

　　成立"河长制"流域水资源协同治理委员会，旨在加强目标嵌入效力、组织支撑能力、机制协调协力和监控合作并力。决策、执行、监督是公共政策的三大环节。就"决策"而言，"决"是指决定，流域决策委员会主要吸纳流域与区域涉水机构等参与（随着发展，可进一步吸纳民众和企业代表参与其中），广泛协商，更好地发挥目标嵌入效力；"策"可以看作是为"决"提供判断资料和智力支持，流域咨询委员会可由政府研究机构等事业单位、高校、企业等组成，为流域决策委员会提供智力支持，保障目标嵌入效力的科学性。流域管理机构是其综合执行性质的部门，统筹流域与区域结合管理，衔接垂直管理和地方分级管理体制。流域协同治理委员会对整个流域的监督管控负责，同时，这种安排在当前制度环境下具有一定的可操作性，具体表现在三个方面：一是较大程度降低了对现有流域水资源行政体系的冲击，具备较强的可行性。成立流域治理委员会，不需要上级各主管部门的全面批准，也没有横向竞争或者部门冲突，较好地利用了现有行政和技术资源。二是流域管理机构可以获得稳定的配套资金和项目，有利于工作开展。当前流域水资源专项治理资金以及治水项目是中央与地方对口部门拨付，流域治理委员会协调决策，这意味着财权、项目审批等的统筹安排，打通了资源（比如水利项目的资金投入、河口湿地的生态恢复资金等）流向流域管理机构的通道。三是可以赋予流域管理机构相对独立的地位，确保执行能力。总之，成立流域治理委员会，可以视为目标嵌入效力传递的中转站，也是组织支撑能力的发力点，可以推动我国流域水资源治理协同绩效的提升。

二、推动流域市场化治理，优化"协调—激励"型路径

"协调—激励"型协同治理路径，强调市场性机制协调的运用，适合区域一体化程度高的流域。基于此，可促进基于强度和总量双控的流域水资源治理市场化发展，丰富机制协调的工具和手段，增强市场性机制协调协力。

QCA 分析发现，市场性机制协调在我国流域水资源协同治理中作用显著，是"协调—激励"型路径的重要组成。党的十八届三中全会强调，市场在资源配置中发挥决定性作用。水是战略性资源，市场是解决资源错配和低效的关键要素，建立完善的流域水资源市场化机制，是流域水资源治理的方向。所有的政策措施需要在制度框架下探索发展。"十三五"规划建议提出"强化约束性指标管理，实行能源和水资源消耗、建设用地等总量和强度双控行动"，总量和强度双控将是未来中国水资源管理的主要政策导向。总量控制旨在减少资源浪费、维护资源安全和永续利用，包括目标总量控制、容量总量控制以及行业总量控制；强度控制旨在提高资源配置效率、利用效率，扭转经济增长对资源要素的过度依赖，如《中共中央　国务院关于加快水利改革发展的决定》指出 2020 年农田灌溉水利用系数达到0.55 以上等。市场化机制在强度和总量双控的制度约束下，发展有偿使用制度、交易制度等。2005 年《水权制度建设框架》划分了水权制度建设的三个维度：确立水资源所有权；确认水资源使用权，包括水资源的分配和

初始水权确认、取水管理制度和水权利保护；水权流转，包括水权转让和水市场建设。水量分配、初始水权分配改革以及用水许可制度已基本完成，水权流转改革是当前建设重点。2015年"中央一号"文件《关于加大改革创新力度加快农业现代化建设的若干意见》指出，建立健全水权制度，开展水权确权登记试点，探索多种形式的水权流转方式；2016年水利部《水权交易管理暂行办法》强调，推行水权交易、培育水权交易市场的决策部署，鼓励开展多种形式的水权交易。随着水权交易改革不断完善，市场性协调机制将更好地促进流域水资源协同治理，保障治理同步性，借用市场的力量调节治理主体间的利益张力。此外，生态补偿、排污收费与排污权交易、污水处理设施民营化等市场化制度，通过责任义务和利益挂钩，协调利益相关者关系，也是增强市场性机制协调的重要内容。这些制度发挥协同功能，有赖于流域水资源治理的市场化建设，不过完全依赖竞争机制、忽视双控的政策导向又难以实现未来水资源利用的规划和目标，政府应找准与市场力量的契合点，实现多项制度和目标的互补和共鸣，才能更好地提升流域水资源治理协同绩效。如流域水资源水权交易中，政府需以监管者的角色选择介入的时机和方式，创造公平的交易环境；基于流域规划，对流域水资源供给特别是地下水的开采，要合理评估、依法保护，不能放由交易者肆意开采；保护利益相关者权益，水权交易的前提是第三方不受影响，或者交易者为其负外部性付费等。生态补偿中，中央政府的纵向补偿即公共财政的转移支付应逐步退出，鼓励流域间横向补偿机制建设，生态共享、绿色发展。排污收费应避免"收费即可排污"，发挥"庇古税"的激励效果；整合技术资源，监督信息共享，建设连续监测排污系统，科学确定排污总量，掌握企业排污情况，从而为排污权交易奠定基础，完善排污权交易平台，发挥其电子竞价、公众可查、价款结算等功能，透明交易情况。当前，污水处理设施民营化有：政府与企业针对污水处理、中水回收签订管理合同；分拆业务，通过竞争性投标与多方签订承包合同；运行和维护的外包或租赁合同；特许经营类合同，包括PPP模式等四种主要方式。政府应保证招标环节的透明性，确保各类合同细则的科学性，基于治污结果导向性，引入企业力量，创造公平竞争环境，发挥多元合作的优势，丰富市场性协调机制的内容和效力，切实提高流域水资源治理协同绩效。

三、建立"省—市—县"三级信息化平台，优化机制调节型路径

机制调节型路径，适合跨域性和掌控力均不高的省内性中小型流域。当前，互联网大数据技术高速发展，为公共管理提出新要求的同时，也为流域水资源治理手段的丰富提供契机。省内性中小型流域水资源的治理，可充分运用新型信息技术，建设"省级—市级—县级"信息共享平台，加强信息化和网络化平台，提高目标嵌入和机制协调的效力，快速应对公众舆情，降低行政管理成本，促进部门间的协同联动，提高流域水资源治理协同绩效。

建立"省—市—县"三级信息化平台（见图6-3）。省级信息化平台可利用云计算、大数据、移动通信、物联网、3D实景等技术，将流域综合信息展示、河长制、重点水资源治理项目囊括其中，搜集处理水利、环保、林业、农业等多元信息，同时对各项水资源治理项目全过程、多方位实时监督、管理，快速响应公众舆情反应，充分发挥机制协调型路径中的目标嵌入效力，将流域水资源治理纳入一张图、一张网、一个平台、一个指挥中心。市级信息化平台，是省级平台设计理念和思路的延伸，可结合本地区水资源治理的实际情况，分为政府工作模块和公众服务模块，政府工作模块可突出信息展示、治水管理、动态督察、运管维护等内容，公共服务模块可涵盖用户配置、水资源治理百科知识、治水投诉等功能。利用"云大物移"等信息技术，"以图知水、以图治水"，既连接水利、环保、农业、林业等部门，也为政府监督考核、决策辅助以及公众参与提供有效渠道。县（市）级政府是流域水资源治理的神经末梢，"处在承上启下的关键环

节，是一线指挥部"①，除了依照省级和市级平台的建设内容外，更应突出
基层信息采集的作用，方便处理公众投诉，整理污染源数据，下发督办单，
并上报有关水资源治理项目的进度信息，为省级、市级平台提供政策、运
营等信息支撑。

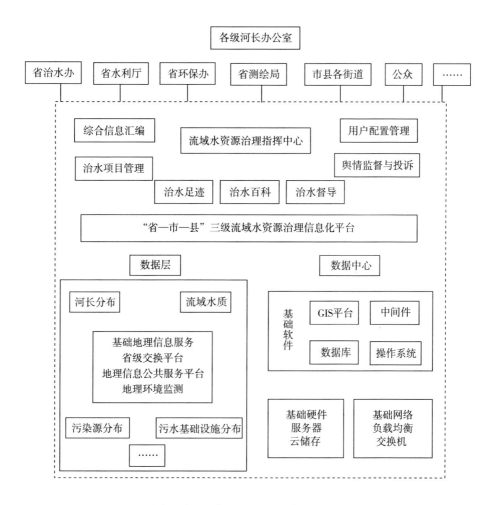

图 6-3 "省—市—县"三级流域水资源治理信息化平台

---

① 《习近平在会见全国优秀县委书记时的讲话》，《人民日报》2015 年 9 月 1 日 第 2 版。

"省—市—县"三级信息化平台，是政府顺应"云大物移"等互联网技术发展，形成横向到边、纵向到底的信息综合汇展，进行"智慧治水"的探索也为河长制的进一步推进提供技术和信息支撑，应成为流域水资源协同治理的重要举措。

四、强化监控合作，优化"协调—约束"型路径

"协调—约束"型路径较"协调—激励"型协同治理路径，更强调监控合作的作用，特别是针对中西部等生态环境承载力较脆弱的流域，更应完善行政控制力，发挥社会和公众参与的监督力，强化监控合作并力，保障流域水资源协同治理的开展。

完善行政控制力主要有三个方面：一是建立流域水资源治理的评估制度。注重考核指标科学性，逐级具化考核指标，制定考核责任规章，设计出"提档""踩油门"的指标，也制定"降档""踩刹车"的指标，按照流域水资源开发、利用、保护等环节，对流经区域进行职责划分。健全考核配套措施，保障评估有效性，发挥流域管理机构的督察职能，加强对流域水资源治理的工作监察，建立考核通报制度，综合考量评估环节的衔接性和可操作性，避免监管空白和重复监管等。二是建立流域水资源治理异体问责和追责制度。鉴于流域水资源跨域特性，对水环境问题实行异体问责制度，对水污染的源头、发生点启动跨区问责程序，强化区域间的相互监督。建立自然资源离任审计等追责制度，对任期内引发水危机的决策追责。三是跨界水质水量联合检测和纠纷调解。行政区划间水质污染的"边界效应"严重，需从流域整体利益出发联合执法，打造流域生态共同体。公众的监督举报已成为近几年生态保护热点事件披露的重要来源，如河北沧县"红豆局长"事件、腾格里沙漠污染事件等。流域水资源治理也应充分发挥社会和公众的监督力量。不过，由于当前针对公众参与的统领性、高位阶的法律缺失，有关规范缺乏、不协调（左其亭等，2016），流域水资源治理中公众参与的权利义务不够明确、程序不够科学、渠道十分有限。政府应

继续完善相关法律法规制定，打通公众参与流域水资源治理监督的通道，全方位、多层次公开政府考评结果供公众监督，如多地河长制建设的流域水资源治理信息公开制度等。制定相应的行政奖励制度，调动公众参与的积极性。加强社会监督，构建全民行动的格局，借助移动互联网等通信技术，拓宽公众参与渠道，如"环保随手拍""蔚蓝地图"等 APP 可以起到"围观污染"的监督功能，让人人都是流域水资源协同治理的观察员、监督员和维护员。同时，政府部门要重视回应公众的呼声，尽快核实公众的检举和揭发，让违法者承担应尽的法律责任，尽快处理违法行为，多措并举，提升流域水资源协同治理的监控合作并力。

第四节　本章小结

基于我国重点流域水资源协同治理的定性比较分析（QCA），归纳出可实现较高流域水资源治理协同绩效的影响因素组合，即 $x_1 * y * z_1 * w$、$x_2 * \sim y * z_1 * \sim z_2 * w$、$x_1 * x_2 * y * \sim z_1 * z_2 * \sim w$ 和 $x_1 * x_2 * \sim y * z_1 * z_2 * \sim w$。按自然性环境维度和行政性环境维度，对我国流域水资源战略环境进行类型学划分，依次进行流域水资源治理协同绩效的路径选择，并提出路径优化建议：

大中型流域，处于跨域性较高的自然性战略环境、掌控力较强的行政战性略战略环境中，可选择四措并举型协同治理路径，并通过成立流域"河长制"协同治理委员会等措施加以优化，以满足对目标嵌入、组织支撑、机制协调和监控合作等诸环节的高要求；区域一体化程度较高的流域，处于跨域性较低的自然性战略环境、掌控力较强的行政性战略环境中，可选择"协同—激励"型协同治理路径，并通过推动流域市场化治理加以优化；主要流经一个省级行政单位的中小型流域，处于跨域性较低的自然性战略环境、掌控力较低的行政性战略环境中，可选择机制调节型协同治理路径，并通过建立"省—市—级"三级信息化平台等措施加以优化，充分利用互联网大数据等技术的发展；西部地区的流域，往往处于跨域性较高的自然性战略环境、掌控力较低的行政性战略环境之中，可选择"协调—约束"型协同治理路径，并通过强化监控合作加以优化。总之，我国流域水资源分布广泛，自然地理条件、经济社会发展状况、文化背景、人口分布等不尽相同，协同治理的策略应进行差异化设计。

第七章 结论与展望

随着我国工业化和城镇化的发展，区域一体化程度不断推进，传统的行政区域分段节制与流域水资源地理整体性、生态系统性的矛盾日渐突出，各部门分管体制难以满足流域水资源功能多重性、效用外溢性的要求，流域水资源协同治理成为检验政府治理能力和治理体系现代化的"试金石"。通过构建我国流域水资源治理"协同—绩效"链模型，从理论层面描述我国流域水资源治理协同绩效的影响因素、效应机理和实现机制；通过构建包含流域水足迹和财政支出协同度等指标的指标评价体系、运用组态视角的 QCA 方法，基于 2001—2015 年我国重点流域的相关数据，从实证层面对我国流域水资源治理协同绩效进行评价、对我国流域水资源治理协同绩效实现机制量化分析。根据实证结果，结合我国流域水资源战略环境的类型学划分，给出我国流域水资源治理协同绩效的实现路径及优化建议。

第一，我国流域水资源治理"协同—绩效"链分析表明，目标嵌入、组织支撑、机制协调和监控合作是我国流域水资源治理协同绩效的影响因素。目标嵌入是流域水资源协同治理的"指挥棒"，引领"弦乐""器乐"等治理主体的"琴瑟和鸣"。目标嵌入类似于"纵向嵌入式治理"行为，中央或省级政府不是流域水资源治理的"主宰者"，也不是流域与行政区域结合的"旁观者"，而是促使部门或地方政府间协同合作的"激活者"，通过法律法规、战略规划、条例规章等依托层级权威整合价值碎片，政策法规制定同时也是部门协同联动的结果。组织支撑是流域水资源治理活动的"接棒员"，实现协同治理"接力赛"的环环相扣。组织支撑是目标嵌入的执行载体，通过流域管理机构、中心政策小组、专项任务小组等"跨部门、跨区域"的组织机构搭建流域水资源协同治理的"骨架",架接流域与行政区域管理结合的桥梁。机制协调是流域水资源协同绩效的"催化剂",通过协商决策、信息沟通、职能协调的机制性、程序性安排或技术手段,加速目标嵌入和组织支撑这些"反应物"的"化学反应",从而更好地产生流域水资源治理协同绩效这种"生成物"。监控合作是流域水资源治理节奏的"节拍器",通过设计出"提挡""踩油门"的激励措施,制定"降挡""踩刹车"的约束监管制度,为流域水资源协同治理链前段环节提供保障,确保流域水资源协同治理能够落地、生效。

第二,流域水资源治理"协同—绩效"链揭示我国流域水资源治理协同绩效的实现机制。围绕部门间的治理协调性和流域、区域间的治理同步性,基于 Thomson 和 Perry（2006）、Bryson（2006）和 Ansell（2008）的理论模型（第二章）,结合我国流域水资源治理的制度背景（第一章）,提炼出价值共识、沟通协商和激励约束三个维度,刻画我国流域水资源治理"协同—绩效"链的效应机理:目标嵌入通过作用价值共识,影响流域水资源治理协同绩效;组织支撑和组织性机制协调通过优化部门间的沟通协商,促进治理协调性从而影响治理协同绩效;市场性机制协调通过利益激励效用;监控合作通过约束控制效应,对治理同步性提供保障,从而影响流域水资源治理协同绩效。

第三,根据习近平生态文明思想和绿色发展理念构建的我国流域水资源治理协同绩效评价指标体系,基于 2001—2015 年我国八大重点流域水资源相关数据的评价表明:一是重大法律法规、政策文件的出台时间与流域水资源治理协同绩效的波折点一定程度上存在吻合现象;较高治理协同绩效往往伴随较好的组织支撑、机制协调和监控合作。二是我国流域水资源治理协同绩效地域差异性较明显,八大流域水资源治理协同绩效大致可以分为三个层次:较好的珠江流域、太湖流域、长江流域等南方水系;中间层级的松花江流域、黄河流域、辽河流域、淮河流域等北方水系;流经人口密集京津冀地区的海河流域,尚待进一步改善。

第四,QCA 方法适合流域水资源治理研究。流域水资源治理"协同—绩效"链中的影响因素相互依赖且非独立,较难通过多元回归等计量方法分析变量间的边际净效应以检验其显著性；而基于单案例或少数案例及其情景特定知识的传统案例研究，结论推广性受限且较难揭示条件原因的复杂因果关系。已在国际政治、企业战略等研究领域运用的 QCA 方法，是案例导向的集合分析，能够较好地解释原因条件间并发因果性、等效性和非对称性的组态效应。流域水资源是一个复杂系统，政府协同治理具有多维性、因果非对称性以及条件原因交互性等特点，因此本书尝试选择 QCA 方法分析公共治理问题。

第五，fsQCA 的必要条件模糊集分析表明：目标嵌入、组织支撑、机制协调和监控合作均能提升流域水资源治理协同绩效。其中，目标嵌入和机制协调影响力较其他因素更强，组织支撑影响力弱于其他因素。根据 fsQCA 条件组态分析，基于影响因素的功能定位，得到 4 种有效条件组合：组合 1，$x_1 * y * z_1 * w$，中央目标嵌入效力和组织性机制协调协力发挥效能，监控合作并力和组织支撑能力较高；组合 2，$x_2 * \sim y * z_1 * \sim z_2 * w$，地方目标嵌入效力和组织性机制协调协力发挥效能，组织支撑能力缺失，监控合作并力存在；组合 3，$x_1 * x_2 * \sim y * z_1 * z_2 * \sim w$，目标嵌入效力和机制协调协力主导，组织支撑能力和监控合作并力均缺失；组合 4，$x_1 * x_2 * y * \sim z_1 * z_2 * \sim w$，组织支撑能力存在，监控合作并力缺失。

第六，我国流域水资源治理协同绩效存在四条实现路径：四措并举型协同治理路径，目标嵌入、组织支撑、机制协调和监控合作同时具备，适合流域跨域性较高，流域管理机构掌控力较强的治理战略环境，如长江、黄河、淮河等流经行政区划较多的江河流域；"协调—激励"型协同治理路径，强调目标嵌入、组织支撑和机制协调的作用，适合流域水资源跨域性程度较低、流域管理机构掌控力较强的治理战略环境，如珠江流域；机制调节型协同治理路径，具备较强的目标嵌入效力和较高的机制协调协力，适合流域水资源跨域性程度较低、流域管理机构掌控力较弱的治理战略环境，如钱塘江等省内性流域；"协调—约束"型协同治理路径，该路径更应突出地方自主性，加强监控合作，适合流域水资源跨域性程度较高，而流域管理机构掌控力较弱的治理战略环境，西部地区的内陆河或外流河所处环境较为符合，如石羊河流域、疏勒河流域等。

第七，我国流域水资源应进行差异化治理。我国幅员辽阔，流域水资源分布广泛，自然地理条件、经济社会发展状况、文化背景、人口分布等差异巨大，治理路径和政策设计应考虑流域所处的战略环境，体现差异化特点。如大中型流域水资源，可选择四措并举型协同治理路径，并通过成立流域"河长制"协同治理委员会等措施加以优化；区域一体化程度较高的流域水资源，可选择"协同—激励"型协同治理路径，并通过推动流域市场化治理加以优化；主要流经一个省级行政单位的中小型流域水资源，可选择机制调节型协同治理路径，并通过建立"省—市—县"三级信息化平台等措施加以优化；西部地区的流域，可选择"协调—约束"型协同治理路径，并通过强化监控合作加以优化。

虽然本书遵循一个较为完整、清晰的逻辑思路对我国流域水资源治理协同绩效及实现机制进行了较深入的分析和论证，然而，仍存在一些不足的地方需要在今后的学习和研究过程中逐步改进和深化。第一，受限样本数量，没有进行中小型流域的检验。本书引入政治学、企业战略管理领域兴起的 QCA 方法，虽然 QCA 方法可以针对小样本案例展开分析，不过当前我国中小型流域水文数据尚待完善，受限于数据可得性未能展开中小河流层面的检验。作者下一步将继续关注流域信息，丰富样本数量，以期获得更为稳健的结论和精准的政策建议。第二，丰富数据维度，开展计量分析。本书对我国流域水资源治理协同绩效及实现机制展开定量的案例实证研究。不过，QCA 在研究范式层面，仍属于质性研究的范畴，理论抽样筛选研究样本，并非随机抽取，对变量赋值的严谨性仍有待进一步提升。未来随着流域水资源数据的进一步丰富，应开展计量分析，如不同治理战略环境中流域水资源治理协同绩效的影响因素分析等。同时，应进一步完善流域水资源治理协同绩效的评价指标体系。当前，针对政府协同治理的评价指标的研究较少，本书已从多个维度进行探索，但仍有较大的改善空间，这也是下一步的研究方向。

参考文献

A. A. 阿尔钦：《财产权利与制度变迁——产权学派与新制度学派译文集》，
　　上海三联书店 1994 年版。

埃莉诺·奥斯特罗姆：《公共事务的治理之道》，毛寿龙译，上海三联书店
　　2000 年版。

包国宪、郎玫：《治理、政府治理概念的演变与发展》，《兰州大学学报（社
　　会科学版）》2009 年第 3 期。

包国宪、王学军：《以公共价值为基础的政府绩效治理——源起、架构与研
　　究问题》，《公共管理学报》2012 年第 8 期。

包国宪、张弘：《基于 PV-GPG 理论框架的政府绩效损失研究——以鄂尔多
　　斯"煤制油"项目为例》，《公共管理学报》2015 年第 7 期。

保罗·纳特、罗伯特·巴可夫：《公共部门战略管理》，陈振明等译，中国
　　人民大学出版社 2016 年版。

伯努瓦·里豪克斯、查尔斯·拉金：《QCA 设计原理与应用：超越定性与定
　　量研究的新方法》，杜运周、李永发译，机械工业出版社 2017 年版。

曹堂哲：《政府跨域治理的缘起、系统属性和协同评价》，《经济社会体制比
　　较》2013 年第 5 期。

曹堂哲：《政府跨域治理协同分析模型》，《中共浙江省委党校学报》2015
　　年第 2 期。

陈德湖、蒋馥：《我国排污权交易理论与实践》，《软科学》2004 年第 4 期。

陈慧荣、张煜：《基层社会协同治理的技术与制度：以上海市 A 区城市综合
　　治理"大联动"为例》，《公共行政评论》2015 年第 2 期。

陈建斌：《政策方向、经济周期与货币政策效力非对称性》，《管理世界》
　　2006 年第 9 期。

陈磊、王应明、王亮：《两阶段 DEA 分析框架下的环境效率测度与分解》，
　　《系统工程理论与实践》2016 年第 3 期。

陈瑞莲、任敏等：《中国流域治理研究报告》，上海人民出版社 2008 年版。

陈曦：《中国跨部门合作问题研究》，博士学位论文，吉林大学，2015 年。

陈雪莲：《论从技术化行政到民主化行政——以青岛市"多样化民考官"机
　　制的发展轨迹为个案》，《理论与改革》2011 年第 5 期。

陈叶烽、叶航、汪丁丁：《信任水平的测度及其对合作的影响——来自一组
　　实验微观数据的证据》，《管理世界》2010 年第 4 期。

陈悦、陈超美、刘则渊等：《CiteSpace 知识图谱的方法论功能》，《科学学研
　　究》2015 年第 2 期。

程聪、贾良定：《我国企业跨国并购驱动机制研究：基于清晰集的定性比较
　　分析》，《南开管理评论》2016 年第 6 期。

戴维·伊斯顿：　《政治生活的系统分析》，王浦劬译，人民出版社 2012
　　年版。

党秀云：《公共治理的新策略：政府与第三部门的合作伙伴关系》，《中国行
　　政管理》2007 年第 10 期。

邓伟根、陈雪梅、卢祖国：《流域治理的区际合作问题研究》，《产业经济评
　　论》2010 年第 11 期。

丁煌：《利益分析：研究政策执行问题的基本方法论原则》，《广东行政学院
　　学报》2004 年第 6 期。

丁煌、叶汉雄：《论跨域治理多元主体间伙伴关系的构建》，《南京社会科
　　学》2013 年第 1 期。

丁绪辉、贺菊花、王柳元：《考虑非合意产出的省际水资源利用效率及驱动
　　因素研究——基于 SE-SBM 与 Tobit 模型的考察》，《中国人口·资源与
　　环境》2018 年第 1 期。

董娟：《当代中国政府的派出管理：现状、问题与对策》，《社会主义研究》

2008 年第 12 期。

董路、孙志才：《水足迹视角下的中国用水公平性评价及时空演变分析》，《资源科学》2014 年第 9 期。

董秀海、胡颖廉、李万新：《中国环境治理效率的国际比较和历史分析——基于 DEA 模型的研究》，《科学学研究》2008 年第 6 期。

董秀良、吴仁水：《交易量适合作为股价波动信息的代理变量吗？——来自中国沪深股市的证据》，《数量经济技术经济研究》2008 年第 1 期。

董战峰、喻恩源、裘浪等：《基于 DEA 模型的中国省级地区水资源效率评价》，《生态经济》2012 年第 10 期。

杜运周、贾良定：《组态视角与定性比较分析（QCA）：管理学研究的一条新道路》，《管理世界》2017 年第 6 期。

杜运周、刘秋辰、程建青：《什么样的营商环境生态产生城市高创业活跃度？——基于制度组态的分析》，《管理世界》2020 年第 9 期。

段庆林：《宁夏水资源使用效率及管理体制研究》，《宁夏社会科学》2010 年第 9 期。

范如国：《复杂网络结构范型下的社会治理协同创新》，《中国社会科学》2014 年第 4 期。

付景涛：《非任务绩效视角下的跨部门协同绩效作用机制研究》，《中国行政管理》2017 年第 4 期。

高继军、黄圣彪、毕源：《流域水环境治理与绿色发展研究》，中国水利水电出版社 2017 年版。

高小平、陈新明：《统筹型绩效管理初探》，《中国行政管理》2014 年第 2 期。

高小平、杜洪涛：《我国税务系统绩效管理体系：发展、成效和特色》，《中国行政管理》2016 年第 11 期。

高小平、贾凌民、吴建南：《美国政府绩效管理的实践与启示》，《中国行政管理》2008 年第 9 期。

高小平、盛明科、刘杰：《中国绩效管理的实践与理论》，《中国社会科学》

2011 年第 6 期。

高兴武：《公共政策评估：体系与过程》，《中国行政管理》2008 年第 2 期。

高兴武、陈新明：《新建小区公共事务治理路径探析》，《广西民族大学学报》2014 年第 5 期。

高媛媛、许新宜、王红瑞等：《中国水资源利用效率评估模型构建及应用》，《系统工程理论与实践》2013 年第 3 期。

耿勇、张攀：《基于能值分析的工业园生态经济绩效评价研究》，《预测》2007 年第 9 期。

韩永辉：《中国省域生态治理绩效评价研究》，《统计研究》2017 年第 11 期。

何大伟、陈静生：《我国实施流域水资源与水环境一体化管理构想》，《中国人口·资源与环境》2000 年第 6 期。

何继新、陈真真：《公共物品价值链供给治理内涵、生成效应及应对思路研究》，《上海行政学院学报》2017 年第 2 期。

何继新、陈真真：《公共物品价值链供给治理内涵、生成效应及应对思路研究》，《上海行政学院学报》2017 年第 3 期。

何艳玲：《"公共价值管理"：一个新的公共行政学范式》，《政治学研究》2009 年第 6 期。

胡鞍钢、王亚华：《如何看待黄河断流与流域水治理——黄河水利委员会调研报告》，《管理世界》2002 年第 7 期。

胡鞍钢、王亚华：《转型期水资源配置的公共政策：准市场和政治民主协商》，《经济研究参考》2002 年第 1 期。

胡鞍钢、周绍杰：《绿色发展：功能界定、机制分析与发展战略》，《中国人口·资源与环境》2014 年第 1 期。

胡利军、庄科旻、许皓皓等：《部门共享共商协同应对大气污染》，《中国环境科学学会学术年会》2014 年第 6 章。

黄传荣、陈丽珍：《长三角地区自主创新与利用 FDI 的协同度研究》，《宏观经济研究》2017 年第 9 期。

霍仕明、张国强：《辽河管理"大部制改革"获得成功》，《法制日报》2013 年 2 月 16 日第 4 版。

姬兆亮、戴永翔、胡伟：《政府协同治理：中国区域协调发展协同治理的实现路径》，《西北大学学报（哲学社会科学版）》2013 年第 3 期。

纪陈飞、吴群：《基于政策量化的城市土地集约利用政策效率评价研究——以南京市为例》，《资源科学》2015 年第 11 期。

蒋洪强、王飞、张静等：《基于排污许可证的排污权交易制度改革思路研究》，《环境保护》2017 年第 9 期。

杰弗里·伍德里奇：《计量经济学导论：现代观点》，张成思译，中国人民大学出版社 2014 年版。

杰弗里·伍德里奇：《计量经济学导论：现代方法》，清华大学出版社 2014 年版。

解伏菊、张红、郑明喜：《山东省工业水资源全要素生产率研究——基于 DEA 方法的实证分析》，《理论学刊》2010 年第 12 期。

解亚红：《"协同政府"：新公共管理改革的新阶段》，《中国行政管理》2004 年第 5 期。

金佳俊：《"整体政府"理论在我国反恐跨部门协同中的应用研究》，《湖北警官学院学报》2014 年第 10 期。

蓝志勇、胡税根：《中国政府绩效评估：理论与实践》，《政治学研究》2008 年第 6 期。

蕾切尔·卡逊：《寂静的春天》，吴静怡译，中国友谊出版社 2019 年版。

李丹、黄德忠：《流域管理中的公众参与机制》，《水资源保护》2005 年第 7 期。

李广斌、王勇：《长江三角洲跨域治理的路径及其深化》，《经济问题探索》2009 年第 5 期。

李静、杨娜：《跨境河流污染的"边界效应"与减排政策效果研究——基于重点断面水质检测周数据的检验》，《中国工业经济》2015 年第 3 期。

李宁、张建清、王磊：《基于水足迹法的长江中游城市群水资源利用与经济协调发展脱钩分析》,《中国人口·资源与环境》2017 年第 11 期。

李胜、陈晓春:《基于府际博弈的跨行政区流域水污染治理困境分析》,《中国人口·资源与环境》2011 年第 12 期。

李世祥、成金华、吴巧生:《中国水资源利用效率区域差异分析》,《中国人口·资源与环境》2008 年第 3 期。

李曙华:《当代科学的规范转换——从还原论到生成整体论》,《哲学研究》2006 年第 11 期。

李涛、朱宪辰:《对奥斯特罗姆自主治理理论的理解》,《和谐社区通讯》2012 年第 5 期。

李伟伟:《中国环境政策力度与环境治理效率的实证研究》,《甘肃行政学院学报》2017 年第 8 期。

李晓钟、王莹:《我国物联网产业协同发展机制及系统协同度评价研究》,《软科学》2015 年第 1 期。

李志敏、廖虎昌:《中国 31 省市 2010 年水资源投入产出分析》,《资源科学》2012 年第 12 期。

李重照、刘淑华:《智慧城市:中国城市治理的新趋向》,《电子政务》2011 年第 6 期。

廖虎昌、董毅明:《基于 DEA 和 Malmquist 指数的西部 12 省水资源利用效率研究》,《资源科学》2011 年第 2 期。

刘青、孔凡莲:《基于价值链分析的政府信息增值再利用模式研究》,《情报理论与实践》2015 年第 1 期。

刘文强、张阿玲:《可持续水管理机制政策研究》,《中国软科学》2000 年第 12 期。

刘晓平、李磊:《基于 DEA 的水资源承载力的计算评价》,《科技与管理》2008 年第 1 期。

刘秀丽、王昕、郭丕斌等:《黄河流域煤炭富集区煤炭水足迹演变及驱动效应研究》,《地理科学》2022 年第 3 期。

刘洋:《转型经济背景下后发企业启发式规则、研发网络边界拓展与创新追赶》，博士学位论文，浙江大学，2014 年。

刘毅、董藩：《中国水资源管理的突出问题与对策》，《中南民族大学学报
（社会科学版）》2005 年第 2 期。

龙爱华、徐中民、张志强等：《甘肃省 2000 年水资源足迹的初步估算》，
《资源科学》2005 年第 5 期。

娄成武、张建伟：《从地方政府到地方治理——地方治理之内涵与模式研
究》，《中国行政管理》2007 年第 7 期。

卢风：《关于生态文明与生态哲学的思考》，《内蒙古社会科学》2014 年第
5 期。

卢曦、许长新：《基于三阶段 DEA 与 Malmquist 指数分解的长江经济带水资
源利用效率研究》，《长江流域资源与环境》2017 年第 1 期。

卢新海、柯善淦：《基于生态足迹模型的区域水资源生态补偿量化模型构
建——以长江流域为例》，《长江流域资源与环境》2016 年第 2 期。

吕栓锋、陈新明：《绩效管理中的"同步达效"问题研究——以大型水利工
程项目集为例》，《中国行政管理》2013 年第 6 期。

吕忠梅：《生态文明建设的法治思考》，《法学杂志》2014 年第 5 期。

Marc Holzer、张梦中：《公共部门业绩提升与改善》，《中国行政管理》2000
年第 3 期。

马海良、黄德春、张继国等：《中国近年来水资源利用效率的省际差异：技
术进步还是技术效率》，《资源科学》2012 年第 5 期。

马佳铮、包国宪：《政府绩效评价量表改进途径研究：基于"甘肃模式"的
数据》，《软科学》2010 年第 2 期。

马晶、彭建：《水足迹研究进展》，《生态学报》2013 年第 9 期。

马静、汪党献、来海亮：《中国区域水足迹的估算》，《资源科学》2005 年
第 5 期。

马克·H. 穆尔：《创造公共价值：政府战略管理》，伍满桂译，商务印书馆
2016 年版。

马莹：《基于利益相关者视角的政府主导型流域生态补偿制度研究》，《经济

体制改革》2010 年第 9 期。

买亚宗、孙福丽、石磊等：《基于 DEA 的中国工业水资源利用效率评价研究》，《干旱区资源与环境》2014 年第 11 期。

迈克尔·波特：《竞争优势》，陈丽芳译，中信出版社 2014 版。

迈克尔·麦金尼斯：《多中心治理体制与地方公共经济》，毛寿龙译，上海三联书店 2000 年版。

毛湛文：《定性比较分析（QCA）与新闻传播学研究》，《国际新闻界》2016 年第 4 期。

孟庆松、韩文秀：《复合系统协调度模型研究》，《天津大学学报》2000 年第 7 期。

芈凌云、杨洁：《中国居民生活节能引导政策的效力与效果评估——基于中国 1996—2015 年政策文本的量化分析》，《资源科学》2017 年第 8 期。

倪冬平、王慧敏：《流域水资源适应性管理研究》，《软科学》2006 年第 4 期。

牛彤、彭树远、牛冲槐等：《基于 SBM-DEA 四阶段方法的山西省工业企业绿色创新效率研究》，《科学管理研究》2015 年第 10 期。

彭纪生、仲为国、孙文祥：《政策测量、政策协同演变与经济绩效：基于创新政策的实证研究》，《管理世界》2008 年第 9 期。

綦好东、杨志强：《价值链会计的学科定位及问题域》，《会计研究》2005 年第 11 期。

钱正英、陈家琦、冯杰：《从供水管理到需水管理》，《中国水利》2009 年第 3 期。

任敏：《"河长制"：一个中国政府流域治理跨部门协同的样本研究》，《北京行政学院学报》2015 年第 3 期。

任敏：《我国流域公共治理的碎片化现象及成因分析》，《武汉大学学报（哲学社会科学版）》2008 年第 7 期。

申剑敏：《跨域治理视角下的长三角地方政府合作研究》，博士学位论文，复旦大学，2013 年。

沈大军：《论流域管理》，《自然资源学报》2009 年第 10 期。

沈满洪：《论水权交易与交易成本》，《人民黄河》2004 年第 7 期。

沈满洪：《水权交易与政府创新——以东阳义乌水权交易案为例》，《管理世界》2005 年第 6 期。

水利部水资源司：《水资源保护实践与探索》，中国水利水电出版社 2011 年版。

宋国君：《区域排污权交易市场建设的政策选择》，《改革》2017 年第 10 期。

苏青、施国庆、吴湘婷：《流域内区域间取水权初始分配模型初探》，《河海大学学报（自然科学版）》2003 年第 6 期。

孙柏瑛、李卓青：《政策网络治理：公共治理的新途径》，《中国行政管理》2008 年第 5 期。

孙才志、姜坤、赵良仕：《中国水资源绿色效率测度及空间格局研究》，《自然资源学报》2017 年第 9 期。

孙才志、刘玉玉、张蕾：《中国农产品虚拟水与资源环境经济要素的时空匹配分析》，《资源科学》2010 年第 3 期。

孙迎春：《公共部门协作治理改革的新趋势——以美国国家海洋政策协同框架为例》，《中国行政管理》2011 年第 11 期。

孙迎春：《国外政府跨部门合作机制的探索与研究》，《中国行政管理》2010 年第 7 期。

唐秋伟：《社会网络结构下的多元主体合作治理》，《郑州大学学报（哲学社会科学版）》2011 年第 4 期。

唐睿、唐世平：《历史遗产与原苏东国家的民主转型——基于 26 个国家的模糊集与多值 QCA 的双重检验》，《世界政治与经济》2013 年第 2 期。

田园宏：《跨界水污染中的政策协同研究现状与展望》，《昆明理工大学学报（社会科学版）》2016 年第 4 期。

汪达、汪丹：《水环境与水资源保护探索与实践》，中国电力出版社 2016 年版。

王秉杰：《现代流域管理体系研究》，《环境科学研究》2013年第4期。

王春福：《政策网络与公共政策效力的实现机制》，《管理世界》2006年第9期。

王芬、王俊豪：《中国城市水务产业民营化的绩效评价实证研究》，《财经论丛》2011年第9期。

王凤彬、江鸿、王璁：《央企集团管控架构的演进：战略决定、制度引致还是路径依赖？——一项定性比较分析（QCA）尝试》，《管理世界》2014年第12期。

王健、鲍静、刘小康等：《"复合行政"的提出——解决当代中国区域经济一体化与行政区划冲突的新思路》，《中国行政管理》2004年第3期。

王节祥：《互联网平台企业的边界选择与开放度治理研究——平台二重性视角》，博士学位论文，浙江大学，2016年。

王节祥、田丰、盛亚：《众创空间平台定位及其发展策略演进逻辑研究——以阿里百川为例》，《科技进步与对策》2016年第5期。

王俊敏、沈菊琴：《跨域水环境流域政府协同治理：理论框架与实现机制》，《江海学刊》2016年第1期。

王新华、徐中民、李应海：《甘肃省2003年的水足迹评价》，《自然资源学报》2005年第11期。

王兴杰、张骞之、刘晓雯等：《生态补偿的概念、标准及政府的作用——基于人类活动对生态系统作用类型分析》，《中国人口·资源与环境》2010年第5期。

王亚华：《推进流域综合管理的相关政策建议》，《环境保护》2008年第10期。

王亚华、胡鞍钢：《黄河流域水资源治理模式应从控制向良治转变》，《人民黄河》2002年第1期。

王亚华、吴丹、黄译萱等：《水环境管理责任机制研究》，科学出版社2013年版。

王遥、徐楠：《中国绿色债券发展及中外标准比较研究》，《金融论坛》2016

年第 2 期。

王莹：《基于 DEA 的江苏省工业水资源利用效率研究》，《水利经济》2014
年第 9 期。

王勇：《论流域政府间横向协调机制——流域水资源消费负外部性治理的视
阈》，《公共管理学报》2009 年第 1 期。

王勇：《政府间横向协调机制研究——跨省流域治理的公共管理视界》，中
国社会科学出版社 2010 年版。

王玉明：《流域跨界水污染的合作治理——以深惠治理淡水河为例》，《广东
行政学院学报》2012 年第 10 期。

王资峰：《中国流域水环境管理体制研究》，博士学位论文，中国人民大学，
2010 年。

魏礼群：《中国行政体制改革的历程和经验》，《全球化》2017 年第 5 期。

文森特·奥斯特罗姆：《美国公共行政的思想危机》，毛寿龙译，上海三联
书店，1999 年版。

吴丹、王亚华：《中国七大流域水资源综合管理绩效动态评价》，《长江流域
资源与环境》2014 年第 1 期。

吴丹、吴凤平、陈艳萍：《水权配置与水资源配置的关系剖析》，《水资源保
护》2009 年第 11 期。

吴建南、马亮：《政府绩效测量及其解释——兼评罗伯特·帕特南的〈使民
主运转起来〉》，《甘肃行政学院学报》2008 年第 6 期。

吴舜泽、王东、秦昌波等：《水治理体制机制改革研究》，中国环境出版社
2017 年版。

吴舜泽、王东、姚瑞华：《统筹推进长江水资源水环境水生态保护治理》，
《环境保护》2016 年第 8 期。

吴玉霞：《公共服务链：一个政府购买服务的分析框架》，《经济社会体制比
较》2014 年第 9 期。

吴兆丹、赵敏、Upmanu Lall 等：《关于中国水足迹研究综述》，《中国人
口·资源与环境》2013 年第 11 期。

肖国兴：《论中国水权交易及其制度变迁》，《管理世界》2004 年第 4 期。

肖骁春：《法治视野中的民间环保组织研究》，博士学位论文，湖南大学，2007 年。

谢岳：《"第三域"的兴起与"政府空心化"》，《学术研究》2000 年第 4 期。

邢华：《水资源管理协作机制观察：流域与行政区域分工》，《改革》2011 年第 5 期。

邢华：《我国区域合作的嵌入式治理机制研究：基于交易成本的视角》，《中国行政管理》2015 年第 10 期。

邢华：《我国区域合作治理困境与纵向嵌入式治理机制选择》，《政治学研究》2014 年第 5 期。

邢华、赵景华：《流域与区域水利发展协调性评价——以淮河流域为例》《中国人口·资源与经济》2012 年第 10 期。

徐艳晴、周志忍：《水环境治理中的跨部门协同机制探析——分析框架与未来研究方向》，《江苏行政学院学报》2014 年第 11 期。

许慎：《说文解字》，中华书局 2003 年版。

薛刚凌、邓勇：《流域管理大部制改革探索——以辽河管理体制改革为例》，《中国行政管理》2012 年第 3 期。

严耕、陈佳等：《中国省域生态文明建设评价报告》，社会科学文献出版社 2019 年版。

燕继荣：《国家建设与国家治理》，《北京行政学院学报》2015 年第 1 期。

杨博、谢光远：《论"公共价值管理"：一种后新公共管理理论的超越与限度》，《政治学研究》2014 年第 12 期。

杨彦明、王晓娟：《水权转换与我国水权制度建设的路径》，《水利经济》2008 年第 3 期。

易志斌：《基于共容利益理论的流域水污染府际合作治理探讨》，《环境污染与防治》2010 年第 9 期。

尤金·巴达赫：《跨部门合作——管理"巧匠"的理论与实践》，周志忍、张弦译，北京大学出版 2011 年版。

余永泽、刘大勇：《我国区域创新效率的空间外溢效应与价值链外溢效应——创新价值链视角下的多维空间面板模型研究》，《管理世界》2013 年第 7 期。

臧雷震：《治理类型的多样性演化与比较——求索国家治理逻辑》，《公共管理学报》2011 年第 10 期。

曾维和：《后新公共管理时代的跨部门协同》，《社会科学》2012 年第 5 期。

曾维华、程声通、杨志峰：《流域水资源集成管理》，《中国环境科学》2001 年第 1 期。

张成福：《公共行政的管理主义：反思与批判》，《中国人民大学学报》2001 年第 1 期。

张成福、李昊城、边晓慧：《跨域治理：模式、机制与困境》，《中国行政管理》2012 年第 3 期。

张国兴、高秀林、汪应洛等：《政策协同：节能减排政策研究的新视角》，《系统工程理论与实践》2014 年第 3 期。

张金灿、仲伟周：《基于随机前沿的我国省域碳排放效率和全要素生产率研究》，《软科学》2015 年第 5 期。

张紧跟：《当代美国大都市区治理的争论与启示》，《华中师范大学学报（人文社会科学版）》2006 年第 7 期。

张菊梅：《中国江河流域管理体制的改革模式及其比较》，《重庆大学学报（社会科学版）》2014 年第 1 期。

张康之：《限制政府规模的理念》，《行政论坛》2000 年第 8 期。

张康之：《走向合作治理的历史进程》，《湖南社会科学》2006 年第 4 期。

张雷、鲁春霞、吴映梅等：《中国流域水资源综合开发》，《自然资源学报》2014 年第 2 期。

张伟国：《流域公共治理的公法学研究》，中国水利水电出版社 2013 年版。

张弦：《"整体政府"的理念与实践——跨部门协作角度的诠释》，博士学位论文，北京大学，2007 年。

张新民：《干旱区水资源量与质统一管理研究》，博士学位论文，西安理工大学，2000 年。

赵景华、曹堂哲、李宇环：《战略绩效型政府模式：内涵、比较与发展》，《政府管理评论》2016 年第 11 期。

赵景华、李代民：《政府战略管理三角模型评析与创新》，《中国行政管理》2009 年第 6 期。

赵景华、李宇环：《公共战略管理的价值取向与分析模式》，《中国行政管理》2011 年第 12 期。

赵景华、许鸣超、陈新明：《分享经济业态下政府监管的差异化策略研究》，《中国行政管理》2017 年第 6 期。

赵丽萍：《从价值链角度论现代公共图书馆战略性再造》，《情报杂志》2005 年第 8 期。

赵良仕、孙才志、郑德风：《中国省级水足迹强度收敛的空间计量分析》，《生态学报》2014 年第 3 期。

郑方辉、段静：《省级"政府绩效评价"模式及比较》，《中国行政管理》2012 年第 3 期。

周黎安：《中国地方官员的晋升锦标赛模式研究》，《经济研究》2007 年第 2 期。

周雪光：《"逆向软预算约束"：一个政府行为的组织分析》，《中国社会科学》2005 年第 2 期。

周志忍：《效能建设：绩效管理的福建模式及其启示》，《中国行政管理》2008 年第 11 期。

周志忍、蒋敏娟：《整体政府下的政策协同：理论与发达国家的当代实践》，《国家行政学院学报》2010 年第 6 期。

周志忍、蒋敏娟：《中国政府跨部门协同机制探析——一个叙事与诊断框架》，《公共行政评论》2013 年第 1 期。

周志忍、徐艳晴：《绩效评估中的博弈行为及其致因研究：国际文献综述》，《中国行政管理》2014 年第 11 期。

朱德米：《构建流域水污染防治的跨部门合作机制——以太湖流域为例》，《中国行政管理》2009 年第 4 期。

朱欣悦、李士梅、张倩：《文化产业价值链的构成及拓展》，《经济纵横》2013 年第 7 期。

卓凯、殷存毅：《区域合作的制度基础：跨界治理理论与欧盟经验》，《财经研究》2007 年第 1 期。

左其亭、胡德胜、窦明等：《最严格水资源管理制度研究——基于人水和谐视角》，科学出版社 2016 年版。

Allan J A, "Virtual water: A Strategic Resource Global Solutions to Regional Deficits", *Groundwater*, Vol. 36, No. 4, 1998, pp. 545-546.

Ansell C and Gash, "A. Collaborative Governance in Theory and Practice", *Journal of Public Administration Research and Theroy*, Vol. 18, No. 4, 2008, 543-571.

Avoyan E, Tatenhove J V and Toonen H, "The Performance of the Black Sea Commission as A Collaborative Governance Regime", *Marine Policy*, Vol. 81, No. 7, 2017, pp. 285-292.

Aziza Akhmouch, "The 12 OECD Principles on Water Governance-When Science Meets Policy", *Utilities Policy*, Vol. 6, No. 43, 2016, pp. 14-20.

Bardach E, "Developmental Dynamics: Interagency Collaboration as An Emergent Phenomenon", *Journal of Public Administration Research and Theory*, Vol. 11, No. 2, 2001, pp. 149-164.

Berg- Schlosser D and De Meur G, "Comparative Research Design: Case and Variable Selection", In Rihoux B and Ragin C C. *Configurational Comparative Methods: Qualitative Comparative Analysis (QCA) and Related Techniques*, London: SAGE Publication, 2009, pp. 19-32.

Bernardin H J and Beatty R W, *Performance Appraisal: Assessing Human Behavior at Work*, Boston: Kent Publishers, 1984.

Berry F S, and Brower R S "Intergovernmental and Intersectoral Management:

Weaving Networking, Contracting Out, and Management Roles Into Third Party Government", *Public Performance & Management Review*, Vol. 29, No. 1, 2005, pp. 7-17.

Bogdanor V, *Joined-Up Government*, New York: Oxford University Press, 2005.

Boulding K. "General Systems Theory: The Skeleton of Science", *Management Science*, Vol. 2, 1956, pp. 197-208.

Bredrup, *Performance Management: A Business Process Benchmarking*, London: Chapman & Hall Publishers, 1995.

Bryson J M, Crosby B C and Stone M, "The Design and Implementation of Cross-Sector Collaborations: Propositions from the Literature", *Public Administration Review*, Vol. 66, No. 1, 2006, pp. 22-31.

Christensen and Legreid, "The Whole-of-Government Approach Regulation, Performance, and Public-Sector Reform", *Stein Rokkan Center for Social Studies Lnifob*, 2006.

Christian Knieper and Claudia Pahl-Wostl, "A Comparative Analysis of Water Governance, Water Management, and Environmental Performance in River Basins", *Water Resour Manage*, Vol. 2, 2016, pp. 82-102.

Coase R H, "The Nature of the Firm", *Eeonomica*, No. 11, 1937, pp. 390.

Crilly and Aguilera R, "Embracing Causal Complexity: The Emergence of a Neo-Configurational Perspective", *Journal of Management*, Vol. 43, 2017, pp. 255-282.

David and Carl E Larson, *Collaborative Leadership: How Citizens and Civic Leaders Can Make a Difference*, San Francisco: Jossey-Bass, 1994.

David Richards and Martin J Smith, *Governance and Public Policy in the Lnited Kindom*, New York: Oxford Lniversity Press Inc., 2002.

David Wilkinson and Flame Appelbee, "Implementing Holistic Government: Joint-tip Actions on Ground", Boston: *The Policy Press*, 2009.

Dess G G, Lumpkin G T and Covin J G, "Entrepreneurial Strategy Making and

Firm Performance: Tests of Contingency and Configurational Models", *Strategic Management Journal*, Vol. 18, 1997, pp. 677-695.

Eduardo Araral and Yahua Wang, "Does Water Governance Matter to Water Sector Performance? Evidence from Ten Provinces in China", *Water Policy*, Vol. 17, 2015, pp. 268-282.

Eisenhardt K M, "Building Theories from CaseStudy Research", *Academy of Management Review*, Vol. 14, 1989, pp. 532-550.

Emma Avoyan, Jan van Tatenhove and Hilde Toonen, "The Performance of the Black Sea Commission as a collaborative governance regime", *Marine Policy*, Vol. 81, No. 2, 2017, pp. 285-292.

Fagerberg J, Fosaas M and Sapprasert K, "Innovation: Exploring the Knowledgebase", *Research Policy*, Vol. 41, No. 7, 2012, pp. 1132-1153.

Ferguson T D and Ketchen Jr D J, "Organizational Configurations and Performance: The Role of Statistical Power in Extant Research", *Strategic Management Journal*, Vol. 20, 1999, pp. 385-395.

Fiss P C, "A Set-Theoretic Approach to Organizational Configurations", *Academy of Management Review*, Vol. 32, 2007, pp. 1180-1198.

Fiss P C, "Building Better Causal Theories: A Fuzzy Set Approach to Typologies in Organization Research", *Academy of Management Journal*, Vol. 54, 2011, pp. 393-420.

Govindarajan V and Shank J K, "Strategic Cost Management: Tailoring Controls to Strategies", *Journal of Cost Management*, Vol. 6, No. 3, 1992, pp. 14-25.

Greckhamer T, "CEO Compensation in Relation to Worker Compensation Across Countries: The Configurational Impact of Country- Level Institutions", *Strategic Management Journal*, Vol. 37, 2016, pp. 793-815.

Guba E G and Lincoln Y S, "Epistemological and Methodological Bases of Naturalistic Inquiry", *Educational Communication & Technology Journal*, Vol. 30, 1982, pp. 233-252.

Guy Peters B，"Policy Instruction and Public Management：Bridging the Gaps"，*Journal of Public Administration Research and Theory*，No. 1，2000，pp. 142-160.

Hardin G，"The Tragedy of the Commons"，*Science*，1968.

Hines P，Rich N，Bicheno J et al，"Value Stream Management"，*The International Journal of Logistics Management*，Vol. 9，No. 1，1998，pp. 25-42.

Hoekstra A Y and Chapagain A K，"Water Footprints of Nations：Water Use by People as A Function of Their Consumption Pattern"，*Water Resources Management*，Vol. 21，No. 1，2007，pp. 35-48.

Hoekstra A Y and Hung P Q，"Globalization of Water Resources：International Virtual Water Flows in Relation to Crop Trade"，*Global Environmental Change*，Vol. 15，No. 1，2005，pp. 45-56.

Janet V. Denhardt and Robert B Denhart，"The New Public Service：Serving Rather than Steering"，*Public Administration Review*，Vol. 60，No. 6，2010，pp. 549-559.

Jerry M Mendel and Mohammad M Korjani，"Charles Ragin's Fuzzy Set Qualitative Comparatice Analysis（fsQCA）Used for Linguistic Summarizations"，*Information Sciences*，Vol. 4，2012，pp. 1-12.

Jerry M Mendel and Mohammad M Korjani，"Theoretical Aspects of Fuzzy Set Qualitative Comparative Analysis（fsQCA）"，*Information Science*，Vol. 3，2013，pp. 137-161.

Jinxia Wang，Jikun Huang，Lijuan Zhang，Qiuqiong Huang and Scott Rozelle，"Water Governance and Water Use Efficiency：The Five Principles of Wua Management and Performance in China"，*Journal of the American Water Resources Association*，Vol. 46，No. 4，2010，pp. 665-685.

Jones C，Hesterly W S and Borgatti S R A，"General Theory of Network Governance：Exchange Conditions and Social Mechanism"，*Academy of Management Review*，Vol. 22，No. 4，1997，pp. 43-53.

Katzenstein H, "Book Review: Entrepreneurship and Venture Management", *Entrepreneurship Theory and Practice*, Vol. 2, No. 3, 1978, pp. 35-39.

Kavanagh D and Richard S D, "Departmentalism and Joined-upgovernment, Back to The Future", *Parliamentary Affairs*, No. 54, 2001, pp. 1-18.

Kickert W and Koppenjan J, *Managing Complex Networks: Strategies for the Public Sector*, London: Sage Publications Ltd, 2004.

Klievink B and Janssen M, "Realizing Joined-up Government-dynamic Capabilities and Stage Models for Transformation", *Government Information Quarterly*, No. 26, 2009, pp. 275-284 .

Lacey R. and Fiss P C, "Comparative Organizational Analysis Across Multiple Levels: A Set-Theoretic Approach", in Whetten D A, Felin T and King B G. *Studying Differences Between Organizations: Comparative Approaches to Organizational Research*, Bingley: Emerald Group Publishing Limited, 2009, pp. 91-116.

Lasker, Roz D and Elisa S Weiss, "Broadening Participation in Community Problem-solving: A Multidisciplinary Model to Support Collaborative Practice and Research", *Journal of Urban Health: Bulletin of the New York Academy of Medicine*, Vol. 1, No. 3, 2003, pp. 14-47.

Leach R and Smith J P, *Local Governance in Britain*, London: Bloomury Publishing, 2001.

Leonard White, "Introduction to the Study of Public Administration", *Macitiillan*, 1926, pp. 327-351.

LePine, Jeffery A, Wilcox-King and Adelaide. "Editor's comments: Developing Novel Theoretical Insight from Reviews of Existing Theory and Research", *Academy of Management Review*, Vol. 35, No. 4, 2010, pp. 506-509.

Ling T, "Delivering Joined-up Government in the LK: Dimensions, Issues and Problems", *Public Administration*. Vol. 80, No. 4, 2002, pp. 615-642.

Lyles M A and Inga S B, "Performance of International Joint Ventures in Two

Eastern European Countries: The Case of Hungary and Poland", *Management International Review*, Vol. 34, No, 4, 1994, pp. 313-329.

Mancur Olson, *The Logic of Collective Action*, Cambridge: Harvard University, 1965.

Marks G, "An Actor-centred Approach to Multi-level Governance", *Regional & Federal Studies*, Vol. 6, No. 2, 1996, pp. 72-88.

Marten Wolsink, "River Basin Approach and Integrated Water Management Governance Pitfalls for the Dutch Space-Water-Adjustment Management Principle", *Geofonm*, No. 37, 2006, pp. 120-129.

Marx A Rihoux B and Ragin C, "The Origins, Development and Application of Qualitative Comparative Analysis: The First 25 Years", *European Political Science Review*, Vol. 6, 2014, pp. 115-142.

McGuire M, "Intergovernmental Management : A View from the Bottom", *Public Administration Review*, Vol. 66, No. 5, 2006, pp. 677-679.

McGuire M, "Managing Networks: Propositions on What Managers Do and Why They Do It", *Public Administration Review*, Vol. 62, No. 5, 2002, pp. 599-609.

Meyer A D, Tsui A S and Hinings C R, "Configurational Approaches to Organizational Analysis", *Academy of Management Journal*, Vol. 36, 1993, pp. 1175-1195.

Miller D, "Configurations Revisited", *Strategic Management Journal*, Vol. 17, 1996, pp. 505-512.

Misangyi V F and Acharya A G, "Substitutes or Complements? A Configurational Examination of Corporate Governance Mechanisms", *Academy of Management Journal*, Vol. 57, No. 6, 2014, pp. 1681-1705.

Moe R C, "The 'Reinventing Government' Exercise: Misinterpreting the Problem, Misjudging the Consequences", *Public Administration Review*, Vol. 54, No. 2, 1994, pp. 111-122.

Moore M H，"Public Value As the Focus of Strategy"，*Australian Journal of Public Administration*，Vol. 53，No. 3，1994，pp. 296-303.

Murphy K J and Cleveland J N，"*Performance Appraisal：An Organizational Perspective*"，New York：Allyn & Bacon Publishers，1991.

Perri，*Holistic Government*，London：Demos，1997.

Perri，Leat D，Seltzer K and Stoker G. *Governing in the Round-Strategies for Holistic Government*，London：Demos，2001.

Perri，Leat D，Seltzer K and Stoker，G. *Towards Holistic Governance：The New Reform Agenda*，Basingstoke：Palgrave，2002.

Peter J Katzenstein，*Between Power and Plenty：Foreign Economic Policies of Advanced Industrial States*，Madison：University of Wisconsin Press，1978.

Piattoni S，"Multi-level Governance：A Historical and Conceptual Analysis"，*European Integration*，Vol. 31，No. 2，2009，pp. 163-180.

Pierre J and Peters B G，*Governance，Politics and the State*，New York：St Martin's Press，2000.

Pollit C，"Joined-up Government：A Survey"，*Political Studies Review*，No. 1，2003，pp. 34-49.

Provan K G and Milward H B，"A Preliminary Theory of Interorganizational Network Effectiveness：A Comparative Study of Four Community Mental Health Systems"，*Administrative Science Quarterly*，No. 1，1995，pp. 1-33.

Provan K G，"Kenis Patrick. Modes of Network Governance：Structure，Management，and Effectiveness"，*Journal of Public Administration Research and Theory*，No. 18，2008，pp. 229-252.

Ragin C C and Fiss P C，"Net Effects Analysis versus Configurational Analysis：An Empirical Demonstration"，in Ragin C C，*Redesigning Social Inquiry：Fuzzy Sets and Beyond*，Chicago，IL：University of Chicago Press，2008，pp. 190-212.

Ragin C C，*Fuzzy - Eet Social Science*，Chicago：University of Chicago

Press，2000.

Ragin C C and Strand S I，"Using Qualitative Comparative Analysis to Study Causal Order：Comment on Caren and Panofsky"，*Sociological Methods & Research*，Vol. 36，No. 4，2008a，pp. 431-441.

Ragin C C，*The Comparative Method：Moving Beyond Qualitative and Quantitative Strategies*，California：University of California Press，2014.

Ragin. C C，"Redesigning Social Inquiry：Fuzzy Sets and Beyond"，*Chicago： University of Chicago Press*，2008.

Rayport J F and Sviokla J J，"Exploiting the Virtual Value Chain"，*Harvard Business Review*，Vol. 73，No. 6，1995，pp. 75.

Rhodes R A W，"The Hollowing out of the State：The Changing Nature of the Public Service in Britain"，*The Political Quarterly*，Vol. 65，1994，pp. 1-12.

Rhodes R and Wanna J，"The Limits to Public Value or Rescuing Responsible Government from the Plationic Gardens"，*Australian Journal of Public Administration*，Vol. 66，No. 4，2007，pp. 406-421.

Rhodes R P，"Commentary on Adrian Crounauer's the Fairness Doctrine"，The Federal Communications Law Journal，Vol. 47，No. 1，1994，pp. 93-97.

Richard D and S Smith ，"The Labour Supply Effect of the Abolition of the Earnings Rule for Older Workers in the United Kingdom"，*The Economic Journal*，VoL. 47，No. 1，1994，pp. 93-97.

Rihoux B and Ragin C C，"*Configurational Comparative Methods：Qualitative Comparative Analysis（QCA）and Related Techniques*"，London：SAGE Publication，2009.

Rihoux B，"Qualitative Comparative Anaylsis（QCA）and Related Systematic Comparative Methods：Recent Advances and Remaining Challenges for Social Science Research"，*International Sociology*，Vol. 21，No. 5，2006，pp. 679-706.

Ring P S. and Van de Ven A H, "Developmental Processes of Cooperative Inter-organizational Relationships", *Academy of Management Review*, Vol. 19, No. 1, 1994, pp. 70–83.

Robert Leach and Janie Percy–Smith *Local Governance in Britain*, New York: Palgarve Publishers Ltd, 2001.

Robertson P J Roberts D R and Porras J I, "Dynamics of Planned Organizational Change: Assessing Empirical Support for a Theoretical Model", *Academy of Management Journal*, Vol. 36, No. 3, 1993, pp. 619–634.

Robin Mahon, Lucia Fanning and Patrick McConney, "Assessing Governance Performance in Transboundary Water Systems", *Environmental Development*, Vol. 6, 2017, pp. 237–261.

Ryan and Claria, "Leadership in Collaborative Policy–Making An Analysis of Agency Roles in Regulatory Negotiations", *Policy Sciences*, Vol. 34, No. 10, 2008, pp. 221–245.

Sanford V Berg, "Seven Elements Affecting Governance and Performance in the Water Sector", *Utilities Policy*, No. 4, 2016, pp. 1–10.

Schneider C Q and Wagemann C, *Set–theoretic Methods for the Social Sciences: A Guide to Qualitative Comparative Analysis*, Cambridge: Cambridge University Press, 2012.

Shafique M, "Thinking Inside the Box? Intellectual Structure of the Knowledge Base of Innovation Research (1988–2008)", *Strategic Management Journal*, Vol. 34, No. 1, 2013, pp. 62–93.

Short J C, Payne G T and Ketchen D J, "Research on Organizational Configurations: Past Accomplishments and Future Challenges", *Journal of Management*, Vol. 34, 2008, pp. 1053–1079.

Simo G. and Bies A L, "The Role of Nonprofits in Disaster Response: An Expanded Model of Cross–Sector Collaboration", *Public Administration Review*, Vol. 67, No. 1, 2007, pp. 40–49.

Simon H A, *The Sciences of the Artificial*, Cambridge, MA: MIT Press, 1996.

Stam W and Elfring T, "Entrepreneurial Orientation and New Venture Performance: The Moderating Role of Intra- and Extra- Industry Social Capital", *Academy of Management Journal*, Vol. 51, 2008, pp. 97-111.

Stephanie P N and Holzer M, "Constructing Social Equity in Theory and Practice: Two Competing, Divergent Perspectives", *The American Review of Public Administration*, Vol. 50, No. 4, 2020, pp. 351-351.

Stigler, "The Law and Economics of Public Policy", *Journal of Legal Studies*, No. 1, 1972, p. 12.

Stoker G and Evans M, *Evidenced-based Policy Making in the Social Sciences: Methods that Matter*, Bristol: The Policy Press, 2016.

Strker G, "Public Value Management: A New Narrative for Networked Governance?", *American Review of Public Administration*, Vol. 36, No. 1, 2006, pp. 41-57.

Thomson A M, and Perry J L, "Collaboration Processes: Inside the Black Box", *Public administration Review*, Vol. 66, No. 1, 2006, pp. 54-70.

Thornton P H, "The Rise of the Corporation in a Craft Industry: Conflict and Conformity in Institutional Logics", *Academy of Management Journal*, Vol. 45, 2002, pp. 81-101.

Van Ast J A, "Trends Towards Interactive Water Management Developments in International River Basin Management", *Physics and Chemistry of the Earth*, Vol. 6, 1999, pp. 156-169.

Vernon Bogdanor, *Joined-up Government*, New York: Oxford University Press, 2005.

Wallis P J, Ison R L and Samson K, "Identifying the Conditions for Social Learning in Water Governance in Regional Australia", *Land Use Policy*, Vol. 31, 2013, pp. 412-421.

White L D, *Introduction to the Study of Public Administration*, New York: Macmillan, 1926.

Wilkinson D and E Appelbee, *Implementing Holistic Government*, Bristol: The Plicy Press, 1999.

Williams I and Sheareer H, "Appraising Public Value: Past, Present and Futures", *Public Administration*, Vol. 89, No. 4, 2011, pp. 1–18.

Williamson O E, "*The Economic Institution of Capitalism*", New York: Free Press, 1985.

Willoughby W F, *Principles of Public Administration*, Baltimore: Johns Hopkins University Press, 1927.

Wolsink M, "River Basin Approach and Integrated Water Management: Governance Pitfalls for the Dutch Space – Water – Adjustment Management Principle", *Geoforum*, Vol. 37, No. 4, 2006, pp. 473–487.

索 引

后　记

据说，很多书后记的阅读量要高于正文。较之力求严谨专业的文字，后记中也许包含着作者更充沛的情感。提笔方才惊觉，不仅是写作要告一段落，自己的一段生活也即将伴随着校园的一片落叶，掉入回忆的流年。借此，整理记忆、致谢亲友，执笔抒怀以为后记。

求学生涯遇到我的老师们，是人生的幸运。感恩在人生可塑性最强又最易陷入彷徨的时候，能有一位位智者指导学业、引导生活。高小平研究员的言传身教，是我理解科研的开始。高老师哲学思辨力深厚，学术功力和职业经历令人仰望，而江南才子独具的人文魅力，更令其著作读起来妙不可言。能够跟随赵景华教授学习是我的荣幸，不仅是其严苛的治学态度，赵老师对中国文化的理解、人生境界的追求，伴随着平日的教导鞭策，一起镌刻心中，是我一生的财富和奋斗的方向。萧鸣政教授对自身事业的热忱和勤勉是我永远的榜样，对后辈的关怀和提携令我感佩不已。每次想起萧老师，懈怠躺平之心伴随着惭愧瞬间消退。这三位老师都是业内擎旗领军的大学者，德高望重、受人尊敬。同时，我也十分感恩亦师亦友的高兴武老师对我学习和生活上的关心和帮助。

同学朋友，是人生的财富，乐其所乐忧其所忧，感激你们让生活温暖有趣，感动咱们之间的点点滴滴。感谢刘月博士对我写作中的帮助，亦友亦师；感谢申桂萍师姐、冯立伟师兄、许鸣超师兄、王星雨、冯骁、李心佩、杨柳、夏球等；感谢宋鹏、谢和亮、方彤、高珂、龚浩、王涛等同学；感谢程龙博士、王文宇博士、刘金浩博士、刘昊博士；感谢亓靖、史洪阳、张睿超、张湘姝、谢永乐、朱玉慧兰等师弟师妹们。

当然，最应该感恩的是父母和妻子，他们一直是我生活和学习的最大动力；感恩滕发才教授、李海平博士、周文杰博士、王丰俊教授、徐涛教授等长辈对我平日的关爱和教诲，他们是我前进的榜样。经济管理出版社的编辑老师自始至终周到、细致、热情地做好编辑服务工作，在此一并表示诚挚的感谢。

开始的开始，我们还是孩子；最后的最后，是否成为渴望的样子。一路走来，需要感谢的人太多，想要表达的感激之情也难道尽，是写及此，唯今后工作和生活中勤奋努力，回报关爱。

专家推荐表

第十批《中国社会科学博士后文库》专家推荐表 1

　　《中国社会科学博士后文库》由中国社会科学院与全国博士后管理委员会共同设立,旨在集中推出选题立意高、成果质量高、真正反映当前我国哲学社会科学领域博士后研究最高学术水准的创新成果,充分发挥哲学社会科学优秀博士后科研成果和优秀博士后人才的引领示范作用,让《文库》著作真正成为时代的符号、学术的示范。

推荐专家姓名	赵景华	电　话	
专业技术职务	教授	研究专长	政府战略与绩效
工作单位	中央财经大学	行政职务	
推荐成果名称	我国流域水资源治理协同绩效及实现机制研究		
成果作者姓名	陈新明		

　　(对书稿的学术创新、理论价值、现实意义、政治理论倾向及是否具有出版价值等方面做出全面评价,并指出其不足之处)

　　该书以绩效为切入点,通过构建"协同—绩效"公共价值链模型,研究了"什么是流域水资源治理协同绩效"以及"怎么实现流域水资源治理协同绩效",具有较强的学术创新性、理论价值和现实意义,已具备出版价值,下一步可丰富研究样本数量,加强对不同治理战略环境中流域水资源治理协同绩效的影响因素分析等。

签字:　赵景华

2021 年 3 月 10 日

说明:该推荐表须由具有正高级专业技术职务的同行专家填写,并由推荐人亲自签字,一旦推荐,须承担个人信誉责任。如推荐书稿入选《文库》,推荐专家姓名及推荐意见将印入著作。

第十批《中国社会科学博士后文库》专家推荐表 2

　　《中国社会科学博士后文库》由中国社会科学院与全国博士后管理委员会共同设立，旨在集中推出选题立意高、成果质量高、真正反映当前我国哲学社会科学领域博士后研究最高学术水准的创新成果，充分发挥哲学社会科学优秀博士后科研成果和优秀博士后人才的引领示范作用，让《文库》著作真正成为时代的符号、学术的示范。

推荐专家姓名	萧鸣政	电　　话	
专业技术职务	教授	研究专长	治理理论
工作单位	北京大学	行政职务	
推荐成果名称	我国流域水资源治理协同绩效及实现机制研究		
成果作者姓名	陈新明		

　　（对书稿的学术创新、理论价值、现实意义、政治理论倾向及是否具有出版价值等方面做出全面评价，并指出其不足之处）

　　该书聚焦协同治理这一公共管理领域的热点问题，选择流域水资源治理这一典型治理场景，创新性地提出公共价值链模型阐释协同绩效等核心概念，并运用定性比较分析的方法刻画流域水资源治理协同绩效的影响因素、效应机理和实现机制，具有较强的理论和现实意义，已具备出版价值。未来研究中可以丰富样本量，以期获得更为稳健的结论和精准的政策建议。

签字：萧鸣政

2021 年 3 月 10 日

　　说明：该推荐表须由具有正高级专业技术职务的同行专家填写，并由推荐人亲自签字，一旦推荐，须承担个人信誉责任。如推荐书稿入选《文库》，推荐专家姓名及推荐意见将印入著作。

经济管理出版社
《中国社会科学博士后文库》
成果目录

第二批《中国社会科学博士后文库》

序号	书　名	作　者
1	《国有大型企业制度改造的理论与实践》	董仕军
2	《后福特制生产方式下的流通组织理论研究》	宋宪萍
3	《基于场景理论的我国城市择居行为及房价空间差异问题研究》	吴　迪
4	《基于能力方法的福利经济学》	汪毅霖
5	《金融发展与企业家创业》	张龙耀
6	《金融危机、影子银行与中国银行业发展研究》	郭春松
7	《经济周期、经济转型与商业银行系统性风险管理》	李关政
8	《境内企业境外上市监管问题研究》	刘　轶
9	《生态维度下土地规划管理及其法制考量》	胡耘通
10	《市场预期、利率期限结构与间接货币政策转型》	李宏瑾
11	《直线幕僚体系、异常管理决策与企业动态能力》	杜长征
12	《中国产业转移的区域福利效应研究》	孙浩进
13	《中国低碳经济发展与低碳金融机制研究》	乔海曙
14	《中国地方政府绩效管理研究》	朱衍强
15	《中国工业经济运行效益分析与评价》	张航燕
16	《中国经济增长：一个"破坏性创造"的内生增长模型》	韩忠亮
17	《中国老年收入保障体系研究》	梅　哲
18	《中国农民工的住房问题研究》	董　昕
19	《中美高管薪酬制度比较研究》	胡　玲
20	《转型与整合：跨国物流集团业务升级战略研究》	杜培枫

第三批《中国社会科学博士后文库》

序号	书　名	作　者
1	《程序正义与人的存在》	朱　丹
2	《高技术服务业外商直接投资对东道国制造业效率影响的研究》	华广敏
3	《国际货币体系多元化与人民币汇率动态研究》	林　楠
4	《基于经常项目失衡的金融危机研究》	匡可可
5	《金融创新与监管及其宏观效应研究》	薛昊旸
6	《金融服务县域经济发展研究》	郭兴平
7	《军事供应链集成》	曾　勇
8	《科技型中小企业金融服务研究》	刘　飞
9	《农村基层医疗卫生机构运行机制研究》	张奎力
10	《农村信贷风险研究》	高雄伟
11	《评级与监管》	武　钰
12	《企业吸收能力与技术创新关系实证研究》	孙　婧
13	《统筹城乡发展背景下的农民工返乡创业研究》	唐　杰
14	《我国购买美国国债策略研究》	王　立
15	《我国行业反垄断和公共行政改革研究》	谢国旺
16	《我国农村剩余劳动力向城镇转移的制度约束研究》	王海全
17	《我国吸引和有效发挥高端人才作用的对策研究》	张　瑾
18	《系统重要性金融机构的识别与监管研究》	钟　震
19	《中国地区经济发展差距与地区生产率差距研究》	李晓萍
20	《我国国有企业对外直接投资的微观效应研究》	常玉春
21	《中国可再生能源决策支持系统中的数据、方法与模型研究》	代春艳
22	《中国劳动力素质提升对产业升级的促进作用分析》	梁泳梅
23	《中国少数民族犯罪及其对策研究》	吴大华
24	《中国西部地区优势产业发展与促进政策》	赵果庆
25	《主权财富基金监管研究》	李　虹
26	《专家对第三人责任论》	周友军

第四批《中国社会科学博士后文库》

序号	书　名	作　者
1	《地方政府行为与中国经济波动》	李　猛
2	《东亚区域生产网络与全球经济失衡》	刘德伟
3	《互联网金融竞争力研究》	李继尊
4	《开放经济视角下中国环境污染的影响因素分析研究》	谢　锐
5	《矿业权政策性整合法律问题研究》	郗伟明
6	《老年长期照护：制度选择与国际比较》	张盈华
7	《农地征用冲突：形成机理与调适化解机制研究》	孟宏斌
8	《品牌原产地虚假对消费者购买意愿的影响研究》	南剑飞
9	《清朝旗民法律关系研究》	高中华
10	《人口结构与经济增长》	巩勋洲
11	《食用农产品战略供应关系治理研究》	陈　梅
12	《我国低碳发展的激励问题研究》	宋　蕾
13	《我国战略性海洋新兴产业发展政策研究》	仲雯雯
14	《银行集团并表管理与监管问题研究》	毛竹青
15	《中国村镇银行可持续发展研究》	常　戈
16	《中国地方政府规模与结构优化：理论、模型与实证研究》	罗　植
17	《中国服务外包发展战略及政策选择》	霍景东
18	《转变中的美联储》	黄胤英

第五批《中国社会科学博士后文库》

序号	书　名	作　者
1	《财务灵活性对上市公司财务政策的影响机制研究》	张玮婷
2	《财政分权、地方政府行为与经济发展》	杨志宏
3	《城市化进程中的劳动力流动与犯罪：实证研究与公共政策》	陈春良
4	《公司债券融资需求、工具选择和机制设计》	李　湛
5	《互补营销研究》	周　沛
6	《基于拍卖与金融契约的地方政府自行发债机制设计研究》	王治国
7	《经济学能够成为硬科学吗?》	汪毅霖
8	《科学知识网络理论与实践》	吕鹏辉
9	《欧盟社会养老保险开放性协调机制研究》	王美桃
10	《司法体制改革进程中的控权机制研究》	武晓慧
11	《我国商业银行资产管理业务的发展趋势与生态环境研究》	姚　良
12	《异质性企业国际化路径选择研究》	李春顶
13	《中国大学技术转移与知识产权制度关系演进的案例研究》	张　寒
14	《中国垄断性行业的政府管制体系研究》	陈　林

第六批《中国社会科学博士后文库》

序号	书　名	作　者
1	《城市化进程中土地资源配置的效率与平等》	戴媛媛
2	《高技术服务业进口对制造业效率影响研究》	华广敏
3	《环境监管中的"数字减排"困局及其成因机理研究》	董　阳
4	《基于竞争情报的战略联盟关系风险管理研究》	张　超
5	《基于劳动力迁移的城市规模增长研究》	王　宁
6	《金融支持战略性新兴产业发展研究》	余　剑
7	《粮食流通与市场整合——以乾隆时期长江中游为中心的考察》	赵伟洪
8	《文物保护绩效管理研究》	满　莉
9	《我国开放式基金绩效研究》	苏　辛
10	《医疗市场、医疗组织与激励动机研究》	方　燕
11	《中国的影子银行与股票市场：内在关联与作用机理》	李锦成
12	《中国应急预算管理与改革》	陈建华
13	《资本账户开放的金融风险及管理研究》	陈创练
14	《组织超越——企业如何克服组织惰性与实现持续成长》	白景坤

第七批《中国社会科学博士后文库》

序号	书 名	作 者
1	《行为金融视角下的人民币汇率形成机理及最优波动区间研究》	陈 华
2	《设计、制造与互联网"三业"融合创新与制造业转型升级研究》	赖红波
3	《复杂投资行为与资本市场异象——计算实验金融研究》	隆云滔
4	《长期经济增长的趋势与动力研究：国际比较与中国实证》	楠 玉
5	《流动性过剩与宏观资产负债表研究：基于流量存量一致性框架》	邵 宇
6	《绩效视角下我国政府执行力提升研究》	王福波
7	《互联网消费信贷：模式、风险与证券化》	王晋之
8	《农业低碳生产综合评价与技术采用研究——以施肥和保护性耕作为例》	王珊珊
9	《数字金融产业创新发展、传导效应与风险监管研究》	姚 博
10	《"互联网+"时代互联网产业相关市场界定研究》	占 佳
11	《我国面向西南开放的图书馆联盟战略研究》	赵益民
12	《全球价值链背景下中国服务外包产业竞争力测算及溢出效应研究》	朱福林
13	《债务、风险与监管——实体经济债务变化与金融系统性风险监管研究》	朱太辉

第九批《中国社会科学博士后文库》

序号	书 名	作 者
1	《中度偏离单位根过程前沿理论研究》	郭刚正
2	《金融监管权"三维配置"体系研究》	钟 震
3	《大股东违规减持及其治理机制研究》	吴先聪
4	《阶段性技术进步细分与技术创新效率随机变动研究》	王必好
5	《养老金融发展及政策支持研究》	娄飞鹏
6	《中等收入转型特征与路径：基于新结构经济学的理论与实证分析》	朱 兰
7	《空间视角下产业平衡充分发展：理论探索与经验分析》	董亚宁
8	《中国城市住房金融化论》	李 嘉
9	《实验宏观经济学的理论框架与政策应用研究》	付婷婷

序号	书　名	作　者
1	《中国服务业集聚研究：特征、成因及影响》	王　猛
2	《中国出口低加成率之谜：形成机制与优化路径》	许　明
3	《易地扶贫搬迁中的农户搬迁决策研究》	周君璧
4	《中国政府和社会资本合作发展评估》	程　哲
5	《公共转移支付、私人转移支付与反贫困》	解　垩
6	《基于知识整合的企业双元性创新平衡机制与组织实现研究》	李俊华
7	《我国流域水资源治理协同绩效及实现机制研究》	陈新明
8	《现代中央银行视角下的货币政策规则：理论基础、国际经验与中国的政策方向》	苏乃芳
9	《警察行政执法中法律规范适用的制度逻辑》	刘冰捷
10	《军事物流网络级联失效及抗毁性研究》	曾　勇
11	《基于铸牢中华民族共同体意识的苗族经济史研究》	孙　咏

《中国社会科学博士后文库》
征稿通知

为繁荣发展我国哲学社会科学领域博士后事业，打造集中展示哲学社会科学领域博士后优秀研究成果的学术平台，全国博士后管理委员会和中国社会科学院共同设立了《中国社会科学博士后文库》（以下简称《文库》），计划每年在全国范围内择优出版博士后成果。凡入选成果，将由《文库》设立单位予以资助出版，入选者同时将获得全国博士后管理委员会（省部级）颁发的"优秀博士后学术成果"证书。

《文库》现面向全国哲学社会科学领域的博士后科研流动站、工作站及广大博士后，征集代表博士后人员最高学术研究水平的相关学术著作。征稿长期有效，随时投稿，每年集中评选。征稿范围及具体要求参见《文库》征稿函。

联系人：宋　娜

联系电话：13911627532

电子邮箱：epostdoctoral@126.com

通讯地址：北京市海淀区北蜂窝 8 号中雅大厦 A 座 11 层经济管理出版社《中国社会科学博士后文库》编辑部

邮编：100038

经济管理出版社